KB261834

Urban Geography

도시 연구

Urban Geography

도시 연구

개정 1쇄 발행 | 2011년 4월 5일

지은이　ㅣ팀 홀
옮긴이　ㅣ유환종 · 백인기 · 홍인옥 · 김대영 · 진종헌 · 윤현신 · 김광익 · 박경현

펴낸이　ㅣ김선기
펴낸곳　ㅣ(주)푸른길
출판등록　ㅣ1996년 4월 12일 제16-1292호
주소　ㅣ137-060 서울시 서초구 방배동 1001-9 우진빌딩 3층
전화　ㅣ02-523-2907 팩스ㅣ02-523-2951
이메일　ㅣpur456@kornet.net
블로그　ㅣblog.naver.com/purungilbook
홈페이지ㅣwww.purungil.com, www.푸른길.kr

ISBN 978-89-6291-155-8　93980

이 도서의 국립중앙도서관 출판시도서목록(CIP)은 e-CIP홈페이지(http://nl.go.kr/ecip)에서 이용하실 수 있습니다.(CIP 제어번호: CIP2011001226)

Tim Hall's Urban Geography 3rd edition

도시 연구

현대도시의 변화와 정책

팀 홀 지음 | 유환종 외 옮김

푸른길

감사의 글

여러 해 동안 이 책을 보완하는데 도움을 준 글로스터셔대학의 모든 동료들과 학생들에게 감사의 말을 전하고 싶습니다. 이 책의 여러 내용들은 학생들과의 강의 중에, 그리고 외부에서의 귀중한 토론을 통하여 추가되고 다듬어졌습니다. 또한 세 판의 책을 모두 성공적으로 출판될 수 있도록 도와주신 로틀리지(Routledge) 출판사 임직원 모든 분께 감사드립니다. 끝으로, 캐시(Cathy)의 도움에 감사의 마음을 전합니다.

본 저자와 출판사는 여러 이미지나 자료들을 이 책에서 사용할 수 있도록 허락해 주신 아래의 분들께 감사드립니다.

사진

- 시러큐스 사진을 제공해 주신 John Rennie Short
- 바로셀로나의 그래피티(Graffiti) 사진을 제공해주신 Matt Halstead

그림

- Knowles and Wareing의 *Economic and Social Geography made Simple* (1976)에서 인용한 '영국 도시에 관한 만의 모델' 그림을 사용하게 해주신 Elsevier 출판사
- Graham and Marvin의 *Telecommunications in the City* (1996)에서 인용한 '후기산업사회의 글로벌 대도시' 그림을 사용하게 해주신 Routledge 출판사

• Whitehand의 'Development cycles and urban landscapes', *Geography*, 71(1) p.11 (1994)에서 인용한 'fringe-belt 모델' 그림을 사용하게 해주신 The Geographical Association

표

• Johnston *et al.* (eds), *Geographies of Global Change* (1995)의 '세계도시와 기업본사' 표를 사용하게 해주신 Blackwell 출판사
• Roberts and Sykes, *Urban Regeneration: A Handbook* (1999)의 '도시 재생의 전개 과정' 표를 사용하게 해주신 Sage 출판사
• *Gold and Ward, Place Promotion* (1994)의 '1977년과 1992년 지방 정부의 판촉 패키지' 표를 사용하게 해주신 John Wiley & Sons 출판사

이 책에 인용된 자료의 모든 저작권자에게 연락드리려 최선을 다했습니다. 이 지면에서 감사의 말씀을 드리지 못한 저작권자가 계시다면 본 출판사에 연락해 주시길 감사의 마음으로 부탁드리며, 오류나 누락된 부분들은 다음 개정판에서 정정토록 하겠습니다.

Contenets 도시 연구

chapter 1

왜, 도시지리학인가?

Why urban geography?

독자들은 도시지리학을 공부하기도 전부터 도시지리학이 대학 교과 과정의 다른 어떤 학문보다 훨씬 중요하다는 것을 명확히 알게 될 것이다. 현재와 미래의 사회가 가장 밀접하게 당면한 대부분의 이슈들은 도시에서의 삶에 초점이 맞추어져 있다. 도시에서의 삶은 문제점과 가능성으로 가득 차 있다. 도시는 21세기 초 최상의, 그리고 최악의 삶의 모습을 모두 표현하고 있다. 만약 여러분이 이론적으로, 실제적으로, 혹은 일상생활로 외부 세계와 소통하고 싶다면, 최소한 아주 조금이라도 도시지리학을 접해야 할 것이다.

오늘날 도시지리학의 중요성에 대한 확신이 필요하다면, 주변에 우선적으로 당면한 이슈들을 잠시 생각해 보라. 여러분의 가족에 대한 특정 관심사들 중에 아래와 같은 사항들이 포함될 것이다.

- 거주지
- 이웃
- 레저와 사회 활동의 기회
- 개인의 이동성

- 소득, 경력을 쌓을 수 있는 기회, 부유해질 수 있는 가능성

- 개인의 안전과 반사회적 행위에 대한 노출

- 건강과 스트레스 수준

- 금융이나 보건 서비스 같은 시설에 대한 접근성

- 주변 환경의 오염

이러한 사항들이 도시지리학의 핵심적인 이슈들이며, 오늘날 전 세계 대부분의 사람들의 삶과 관련되어 있다. 이 중 많은 이슈들을 이 책에서 살펴보게 될 것이다.

도시지리학이 미래의 사회·경제·환경적인 지속가능성에 필수적이라는 주장의 가장 중요한 근거는 아마도 도시지리학이 전 세계 도시들에서 분명히 나타나고 있는 엄청난 불평등과 관련이 있기 때문이다. 불평등은 이 책 전반에 걸쳐 다루는 주제이며, 거의 모든 장에서 어떤 형태로든 담겨 있다. 빈부 격차는 지난 20여 년간 전 세계적으로 심화되어 왔다. 아마도 소득 수준이 삶의 기회에 대한 주요 결정 요인이겠지만, 소득 수준이 이러한 불평등을 전부 설명하지는 못한다. 사회적 빈곤층은 가장 열악한 주거 여건으로 고통 받으며, 설령 주택을 구할 수 있다고 하더라도 가장 위험하고 오염된 환경, 가장 짧은 기대 수명, 가장 제한된 이동성, 최악의 서비스 접근성 등으로 어려움을 겪게 된다. 대부분 도시지역에서는 개인의 삶의 기회에 있어서 아주 극명한 차이가 나타난다. 말하자면 도시에서는 부유하고 재개발된 지역들이 가장 황폐해진 근린에 인접하여 그들의 생계를 위협하고 있는 것이다.

이러한 불평등이 발생하여 지속되는 과정을 이해하고 가능한 해결 방안

을 모색하기 위해서는 도시에서의 삶과 도시지리학을 관련지어 살펴볼 필
요가 있다.

chapter 2

새로운 도시, 새로운 도시지리

New cities, new urban geographies

5가지 주요 개념

- 도시는 끊임없이 변화하고 있다.

- 때때로 이러한 변화는 근본적이어서 도시의 본질을 변화시킨다.

- 현대 도시의 본질은 아주 다양하다.

- 많은 도시 모델이 등장해 왔으며, 이들 모델은 다양한 유형의 도시들의 일반
  적인 특성을 설명한다.

- 도시지리학의 연구 방법은 지속적으로 발전하고 변화해 왔다.

새로운 도시, 새로운 도시지리?

도시는 항상 변화한다. 그래서 도시를 연구하는 학자들은 도시의 변화 과정을 이해하는 데 있어서 어려움을 겪게 된다. 도시가 출현한 이래로, 도시는 항상 성장과 파괴가 반복되는 과정을 통하여 점진적으로 변화해 왔다. 이러한 변화는 대개 표면적인 것으로 여겨졌고, 도시화의 근본을 형

성하는 과정이나 전체적인 도시 구조는 여전히 변하지 않은 채 남아 있는 것으로 생각되었다. 그러나 어느 특정 시점부터 근본적으로 다른 도시화 과정이 출현하였다. 그 결과 도시의 변화가 가속화되었고 과거와는 분명히 다른 새로운 도시 형태가 발달하게 되었다. 이러한 형태의 도시는 19세기 영국의 산업화와 더불어 진행된 도시화로 발생하였다.

지리학자들은 그들이 관찰한 변화들이 지속적으로 전개되는 점진적인 변화 과정의 일부인지, 아니면 보다 근본적인 전환 과정의 일부인지 끊임없이 자문해 왔다. 1980년대 말과 1990년대 초, 바로 이러한 논쟁에 지리학자와 사회학자를 비롯한 제반 사회과학자들이 참여하게 되었다. 새로운 유형의 도시들이 실제로 출현하고 있는지에 대하여 논의하면서, 우리는 과거에 도시를 이해하기 위하여 개발했던 지리학적 모델과 이론들이 과연 적합하고 타당한지에 대한 문제도 제기하게 되었다.

산업혁명에 관한 초기의 논의는 재고되어야 하며, 이러한 측면이 본 책의 주제이다. 1970년대 이후 국가 경제뿐만 아니라 세계 경제의 변화를 고찰하고, 이러한 변화들이 산업혁명이라 이름 붙여진 시대의 변화만큼 그 영향력이나 중요성에 있어서 획기적인 것인지 당연히 자문해 볼 필요가 있다. 1970년대 초 이후 세계 경제가 수많은 근본적인 변화에 의해 영향을 받아 왔음은 의문의 여지가 없다. 이러한 변화의 결과는 엄청나서 국가나 지역, 지역사회, 개인에 이르기까지 그들의 경제 생활뿐만 아니라 사회·문화·정치적 생활에도 영향을 주었다. 세계 경제의 변화와 도시의 경관 및 사회·경제·문화·정치적 변화들 사이의 연결 고리를 찾는 것이 이 책의 주요 목적이다.

도시화 과정에 근본적인 변화가 있다는 증거들이 가시화되고 있다. 이

처럼 중요한 변화의 조짐은 북미를 비롯한 영국, 유럽 대륙과 여러 개발도
상국의 도시 경관에서 명백히 나타나고 있다. 이러한 변화의 조짐 중에서
가장 폭넓게 논의되고 있는 것은 광범위한 재개발에 의한 도심의 활성화,
공장이나 부두와 같이 버려진 구공업 지역의 재개발, 새로운 상업 및 주거
지역 개발 시 산업 및 건축 유산의 활용, 젊은 중산층 전문직 종사자들에
의한 이너시티(inner-city) 근린의 사회·경제·환경적인 질적 향상('도심재
활성화(gentrification)'으로 불리는 과정), 기존 도시 외곽에 출현한 새로운
'도시적' 취락(brand-new 'city-like' settlement), 빈곤과 악화의 넓은 지역의 출
현(흔히 사회적 배제(social exclusion)로 불림, 예를 들어 오래된 이너시티 지
역과 여러 도시들의 외곽에 형성된 공공 주택 단지(council housing estates))
등이다.

　학문적으로 현재의 도시 변화를 논의하고 설명하는 용어들을 보면, 도
시화 과정에서 몇몇 심오한 차이점들이 드러나는 것을 알 수 있을 것이다.
이러한 용어들은 산업사회에서 후기산업사회로, 모던에서 포스트모던으
로, 포디즘에서 포스트포디즘으로의 변화를 포함하고 있다. 이러한 변화
를 설명하는 용어들과 이를 가시적으로 증명할 수 있는 증거들이 명확하
게 나타나고 있다. 그러나 그렇다고 해도 객관적인 관점을 유지하려고 노
력하는 것과 이들이 어느 정도까지 도시화 과정의 변화와 새로운 도시 형
태의 출현으로 일컬어질 수 있는가를 평가하는 것은 중요하다.

　이러한 논제로부터 도출되는 문제들은 다음과 같다.

- 도시 형태가 얼마나 의미 있게 변화되어 왔는가?
- 이러한 변화들이 도시들 간에 지리적으로 얼마나 다양하게 전개되

었는가?

- 오늘날 도시의 삶이 얼마나 다르게 생각되는가? 그리고 누구를 위한 변화일까?

이 책에서는 이러한 모든 문제들을 살펴보고자 한다. 주로 영국에서 진행된 도시화에 영향을 준 구조적, 경제적, 정치적, 사회적, 문화적 변화들을 고려할 것이다. 물론 유럽과 북미의 경우도 함께 고찰할 것이다.

다양한 유형의 도시

많은 도시지리학자와 역사학자들은 도시는 오랜 역사적 전개 과정의 산물로, 기원전 15,000년의 취락이 점차 21세기 초의 복잡한 도시로 발전했다고 주장하였다. 이러한 견해는 상당히 설득력이 있지만, 그 당시 도시화

사진 2.1 포스트모던 도시화, 바르셀로나의 올림픽포트

에서 나타난 아주 중요한 측면들을 간과하고 있다. 어떠한 두 도시도 똑같을 수는 없다. 각각의 도시는 전체적으로 보았을 때 비슷할지도 모르지만 매우 다른 경관, 경제, 문화, 사회를 가지고 있다. 이는 도시들이 각기 다른 일련의 과정들에 의해 형성된다는 것을 반증한다. 도시 발달에 영향을 주는 구체적인 과정은 여러 요인들에 달려 있는데, 이 요인들은 도시 규모나 경제적 특성과 같이 각 도시마다 독특하다. 또한 도시 네트워크 간의 연계성, 도시가 속한 국가의 특성, 세계 경제에서의 위상 등과 같은 광의적인 요인과도 관련되어 있다. 도시 유형과 도시화 과정의 다양성을 단순히 단선적인 전개 과정으로 볼 수는 없다. 이러한 다양성을 인식하는 관점을 택하고, 도시마다 세계 경제에서 각기 다른 역할과 위상을 가지고 있는

것으로 생각하는 것이 더 바람직하다. 도시 발달 과정은 세계 경제의 작용 및 이에 대한 개별 도시들의 관련성과 밀접히 연결되어 있다(Savage and Warde 1993 : 38). 다음과 같이 다양한 도시 유형들을 생각할 수 있다.

- 제3세계 도시
- 사회주의국가 도시
- 세계 도시
- 구산업도시
- 신산업 지구

(Savage and Warde 1993 : 39~40)

이러한 분류가 전적으로 모든 것을 다 포함하고 있지는 않으며, 지나치게 엄격하게 적용되어서도 안 된다. 많은 도시들은 하나 이상의 범주에 해당된다(Savage and Warde 1993 : 40). 런던은 세계 도시이다. 그러나 상당히 쇠퇴하고 있는 산업 경제를 포함하고 있는 동시에 주위에는 많은 신산업 지구가 있다. 어떤 범주로 한 도시를 가장 잘 설명할 수 있는지 쉽게 결정할 수는 없다. 더욱이 각 범주 내에서도 상당한 다양성이 존재하고 있다. 제3세계 도시의 경우는 특히 그러하며, 각기 다른 산업 기반을 지닌 구산업도시들 간에도 다양성이 존재한다. 이와 같은 한계에도 불구하고, 이러한 분류는 '세계 도처에서 전개되는 도시화는 각기 다르고 다양한 도시 유형으로 나타난다' 는 인식을 전제로 하고 있다(Savage and Warde 1993 : 38~40). 이 책에서는 주로 구산업도시와 세계 도시 그리고 신산업 지구의 도시지리적 특성을 밝히는 데 초점을 두고 있다.

산업사회 도시의 전개

19세기 산업혁명으로 인한 도시화 과정으로 형성되었거나 그 영향을 많
이 받은 도시들은 여러 이유로 현재 도시지리학의 논의와 관련된다. 첫째,
'산업사회' 도시들은 영국, 미국, 유럽 도시 체계의 대부분을 구성하고 있
다. 산업화는 이들 지역에 있는 도시 내부의 지리적 특성에 영향을 주었으
며, 동시에 도시 내부의 지리적 특성들 간의 경제적·정치적·물리적 연
계에도 영향을 미쳤다. 이러한 역사적 전통은 그 이후에 진행된 도시화에
중요한 차원을 형성하였다. 이러한 도시들은 '모던(modern)' 혹은 '산업사
회적(industrial)' 등으로 다양하게 언급되고 있다.

산업사회 도시는 구산업국가의 도시지리적 특성에 지대한 영향을 미쳤
을 뿐만 아니라 현대 도시 이론에도 중요한 영향을 미쳤다. 산업사회 도시

특유의 건조 형태(built form)는 19세기 후반에 잘 나타난다. 산업사회 도시의 내부 주거 지역에서 나타난 열악한 환경은 저널리스트나 풍자 작가, 사회 취재 기자, 소설가 등에게 좋은 주제거리를 제공하였다. 산업사회 도시의 암울한 현실을 다룬 소설로는 디즈랠리(Disraeli)의 『시빌 : 두 국민*Sybil : The Two Nations*』(1845), 엘리자베스 가스켈(Elizabeth Gaskell)의 『남과 북*North and South*』(1848), 찰스 디킨스(Charles Dickens)의 『고된 시기*Hard Times*』(1854) 등이 있으며, 사회 조사 보고서로는 맨체스터 시를 대상으로 한 프레드릭 엥겔스(Frederick Engels)의 『잉글랜드 노동 계급의 상태*The Condition of the Working Class in England*』(1844)와 찰스 부스(Charles Booth)가 런던을 조사하여 출간한 『런던 사람들의 삶과 노동*Life and Labour of the People of London*』(1889) 등이 있다. 이러한 문헌들에서 묘사한 소름끼치는 이미지는 산업사회 도시에 대한 초기 중산층의 반항을 이끌어 내는 데 크게 작용했고, 그러한 인식은 오늘날에도 여전히 나타나고 있다.

북미에서는 도시의 변화와 도시 이론의 형성 간에 직접적인 연관이 있다. 20세기 초 북미에서 가장 영향력이 컸던 사회학과는 신생 시카고 대학의 사회학과였다. 이 학과의 주 전공 분야는 도시사회학이었고, 그 연구의 대부분은 시카고를 대상으로 진행되었다(Ley 1983 : 22). 시카고 학파를 대표하는 연구물로는 로버트 파크(Robert Park)와 어네스트 버제스(Ernest Burgess) 그리고 맥킨지(R. D. McKenzie)가 공저한 『도시*The City*』(1925)를 비롯하여 버제스의 『도시 공동체*The Urban Community*』(1926), 조보(H. Zorbaugh)의 『황금 연안과 슬럼*The Gold Coast and the Slum*』(1929), 호이트(H. Hoyt)의 『100년에 걸친 시카고 지가 변동 연구*One Hundred Years of Land Values in Chicago*』(1933) 등이 있다. 시카고는 그 당시 신생 도시로 급속히 성장하고 있었는

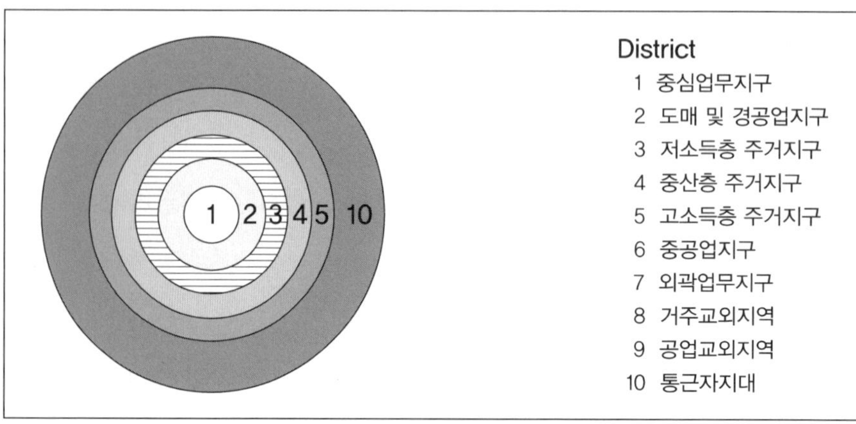

그림 2.1 버제스의 동심원 모델 / 출처 : Ley(1993 : 73)

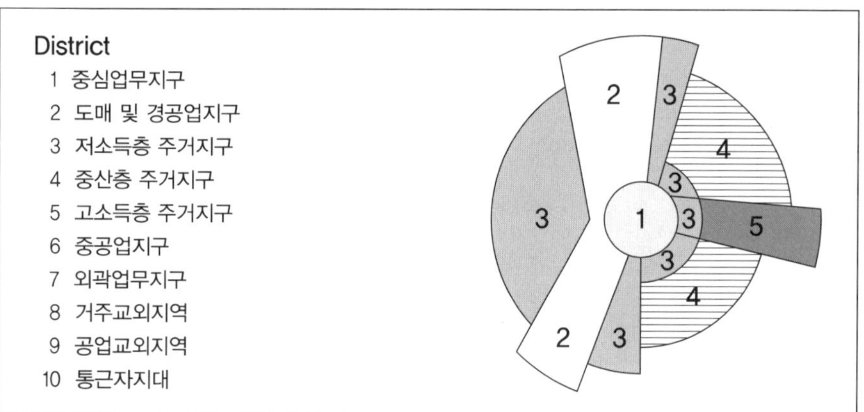

그림 2.2 호이트의 선형 모델 / 출처 : Ley(1993 : 73)

데 이는 산업화의 덕택이었다. 버제스의 동심원 모델(그림 2.1)이나 호이트
의 선형 모델(그림 2.2)과 같은 도시 구조 모델은 시카고에 대한 연구를 바
탕으로 하였으므로, 당연히 당시 시카고의 도시 구조와 형성 요인들을 반
영하고 있다. 이 모델은 영국 도시를 대상으로 한 만(Mann)의 모델에 상당
한 영향을 주었다(그림 2.3).

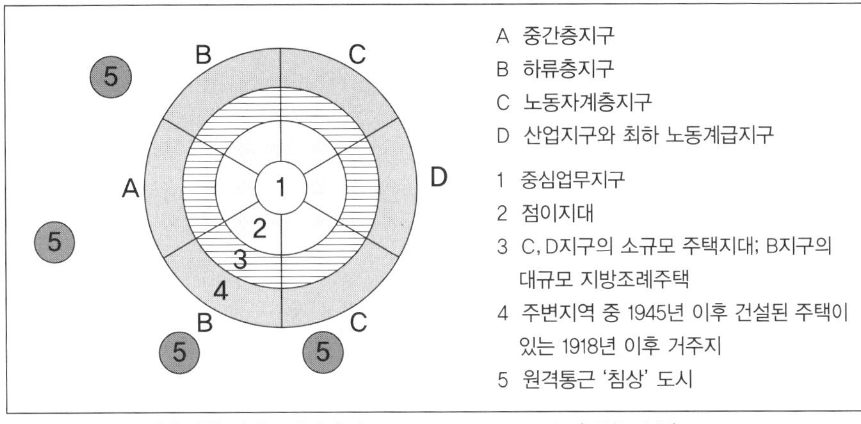

그림 2.3 영국 도시에 관한 만의 모델 / 출처 : Knowles and Wareing(1976 : 245)

또한 산업사회 도시에 대한 대응은 정치적 이데올로기와 도시 계획 및 문학 분야를 통하여 19세기와 20세기적인 전통을 형성하게 하였다(Short 1984 : 14~16). 따라서 산업사회 도시의 물리적 · 학문적 전통을 전적으로 무시해 버리기는 어렵다.

산업사회 도시의 가장 두드러진 특징은 영국과 미국 도시 체계에 일대 대변혁을 일으킨 범위와 진행 속도였다. 영국에서는 1800년에 인구 10만 명 이상의 도시가 런던 하나뿐이었으나 1891년에는 24개로 증가하였다 (Ley 1983 : 20). 미국에서는 이러한 과정이 대략 50~60년 후에 발생하였지만 그 영향은 대단하였다. 영국과 미국 도시 체계의 중심은 기존의 정치, 종교 및 상업 중심지에서 제조업 중심지로 이전하였다. 초기 수력에서 이후 석탄에 이르기까지 저렴한 에너지원은 강이나 호소 등 수운 교통과 함께 성장의 견인차 역할을 담당하였다.

이러한 도시의 성장 규모나 속도도 새로웠지만, 성장을 야기한 요인도 새로운 것이었다. 산업사회 도시의 성장은 새로이 부상하는 산업자본주의 체제 내 공장 시스템의 발달과 밀접하게 연결되어 있었다. 공업이 도심 부근의 토지 이용 경쟁에서 다른 용도보다 우위를 지녔던 것은 당시의 기록이나 도시 모델에서 설명한 일반적인 산업사회 도시 형태의 기초가 되었다. 산업사회 도시의 도심부는 여전히 다른 용도보다 지대 지불 능력이 뛰어난 상업적 토지 이용으로 남아 있었다. 그러나 이러한 도심부 주변에는 대량의 노동력을 필요로 하는 공업적 토지 이용이 둘러싸고 있었으며, 이는 공업적 토지 이용 지대 주위에 노동자 주거 지역 형성을 주도하게 되었다. 그러나 이러한 주거지 개발에 대한 규제는 19세기 말까지 거의 존재하지 않았다. 당시의 도시 정부는 교구 체계(parish system)에 바탕을 둔 낡은 체계로 농촌이나 소규모 도시 행정에 적합한 수준이었다. 따라서 도시 정부는 19세기 동안 진행된 도시화의 규모에 의해 모든 면에서 압도될 수밖에 없었다. 노동자 주거지의 삶의 질은 극도로 열악했고 상하수도와 전기 등 공공 설비나 서비스의 공급은 전무하였다. 노동자 주거지는 무법천지가 되고 질병이 만연함으로써, 보다 부유한 중산층에게 일련의 '도덕적 공황'을 자아내게 하였다. 새로운 노동자 주거 지역 형성에 대한 이러한 중산층의 반응은 중산층을 도심에서 멀리 떨어진 광활한 교외 지역으로 이주하게 하는 동기를 부여하였고, 이는 획기적인 교통 혁신을 통해 더욱 촉진되었다.

맨체스터와 시카고는 그 도시들이 지니고 있는 이론적 중요성에도 불구하고 전형적인 산업사회 도시는 아니다. 오히려 산업화의 '충격을 받은' 도시('shock' city)로, 산업사회 도시의 형태가 극단적으로 발달한 완결된 도시였다. 한편 다른 도시들의 산업화는 도시화가 전개되던 초기의 지역적인 상황과 역사적 전통에 의해 조정되었다. 대부분의 경우 산업화에 따른 도시 형태의 변화는 전체적이기보다는 부분적이며, 원래의 도시 형태와 혼합되고, 모델과는 다른 산업화의 모습을 보였다. 버밍엄의 경우, 초기의 대대적인 산업화는 공장보다는 소규모 작업장에 집중되었다. 20세기 초에 와서야 비로소 공장 시스템이 산업화를 주도하였다. 더욱이 버밍엄의 도시 형태는 산업화뿐만 아니라 토지 이용을 결정하는 데 복잡하게 작용하였던 토지 소유 패턴에 의해서도 변형되었다.

로스앤젤레스와 후기 산업사회의 글로벌 대도시 모델

특히 로스앤젤레스는 모든 실제적인 차원에서 포스트모던 도시화를 연구할 수 있는 인상적인 모습을 지니고 있다. 그래서 로스앤젤레스를 전형적인 포스트모던 대도시(metropolis)로 명명하였다. 그러나 로스앤젤레스를 세계의 모든 다른 도시에 적용할 수 있는 모델이나 필연적인 시나리오로 생각한 것은 아니다. 만약 포스트모던 도시화 과정과 관련하여 로스앤젤레스가 특별한 위치에 있다면, 만약 포스트모던 도시화 과정을 이해하는데 있어서 로스앤젤레스가 특별히 중요한 의미를 지니고 있다면, 그것은 이러한 구조조정 과정이 남부 캘리포니아의 바로 이 지역에서 명백하게 발생했다는 점이다. 이는 부분적으로 전산업사회, 중상주의, 그리고 19세기 산업사회적인 도시화에서 파생된 경관이 상대적으로 적었기 때문이다. 비록 로스앤젤레스가 1781년에 등장하였지만, 20세기 대도시인 것은 분명하다. 1900년 이후 로스앤젤레스 지역의 인구 성장은 가히 세계 제일이어서 1400만 명 이상의 인구를 지닌 대도시가 되었다.

[Soja 1995 : 128]

도시 이론과 관련하여 20세기 말 로스앤젤레스의 위상은 20세기 초 시카고의 위상과 비교된다. 다양한 학문적 · 대중적 논의를 통해 로스앤젤레스는 현재와 미래에 전개될 도시화의 전형이 되었다. 북미에서 가장 영향력 있는 도시 이론 학파의 무게 중심은 서부로 이동하였는데, 이는 과거 제조업 도시들의 이른바 '러스트벨트(rust-belt)'의 쇠퇴와 유럽보다는 개발도상국을 지향하는 미국 서부 지역 도시들의 성장으로 상징될 수 있다(Savage and Warde 1993 : 58). 시카고가 도시사회학을 주도하는 학파의 본거지였던 것처럼, 로스앤젤레스는 1970년대 초 이후 도시 연구를 주도하는 학파(University College Los Angeles의 건축 및 도시 계획 대학원)의 본고장이었다. 이 학파에서 여러 훌륭한 도시 이론가들이 배출되었는데 그들은 20세기 후반의 도시화 과정을 연구하는 초기 실험장으로 로스앤젤레스를 선택하였다. 이러한 '캘리포니아 학파'의 주요 연구 성과는 다음과 같다. 알렌 스콧(Allen Scott)의 『메트로폴리스 : 노동 분화에서 도시 형태까지*Metropolis : From the Division of Labour to Urban Form*』(1988), 소자(Ed Soja)의 『포스트모던지리 : 비판적 사회 이론*Postmodern Geographies : The Reassertion of Space in Critical Social Theory*』(1989)와 『제3의 공간 : 로스앤젤레스와 다른 실제, 그리고 상상의 장소들로의 여행*Thirdspace : Journey to Los Angeles and Other Real and Imagined Places*』(1996), 마이크 데이비스(Mike Davis)의 『수정의 도시 : 로스앤젤레스의 미래*City of Quartz : Excavating the Future in Los Angeles*』(1990), 그리고 프레드릭 제임슨(Frederick Jameson)의 『포스트모더니즘, 후기자본주의의 문화적 논리*Postmodernism, or the Cultural Logic of Late Capitalism*』(1992). 로스앤젤레스, 샌프란시스코, 도쿄, 런던 등의 도시에서 새롭게 전개되는 도시화 과정을 연구한 디안 수직(Deyan Sudjic)의 『100마일 도시*The 100 Mile City*』(1993)

도 이 학파의 연구에 속한다. 이밖에 전문 학술지와 잡지 및 신문 등에 기고된 다수의 논문들이 있다.

이들 연구의 주요 주제는 도시 형태의 분절화(fragmentation) 및 이와 관련된 사회·경제·지리적 특성에 관한 것이다. 도시는 더 이상 하나의 응집된 실체가 아니다. 오히려 기존 대도시 외곽에 자족적인 도시들이 출현하면서 물리적으로 분절화되고, 사회집단 간의 구분이 더욱 심화되면서 경제적·사회적·문화적으로도 분절화되고 있다. 이러한 논리에 따라 도시는 일련의 독립적인 정주 공간이자 경제·사회·문화적 실체들로 분절화된다. 이는 1983년 퍼스 루이스(Peirce Lewis)에 의해 성운형 대도시(galactic metropolis)라는 개념으로 표현되었다. 즉, 하나의 응집된 중심지를 지닌 실체라기보다는 우주 공간에 수많은 별들이 떠 있는 것과 같은 도시 형태를 의미한다(Knox 1993). 이러한 분절화의 개념은 로스앤젤레스와 애틀랜타의 연구에서 도출된 후기산업사회 도시와 관련한 다음의 두 모델에서 구체화되었다. 대도시 지역 내에 존재하는 일련의 분리된 도시군을 설명하는 도시권역 모델(urban realms model, Hartshorn and Muller 1989)과 소자가 제시한 후기산업사회의 '글로벌' 대도시 모델(post-industrial 'global' metropolis model, 1989)이다(그림 2.4).

캘리포니아 학파에 의한 대부분의 연구는 자본주의의 구조 변화(축적 체제)와 그에 따라 성장한 신산업 부문 및 공간, 그리고 도시 형태 간의 연관성에 근거하고 있다. 이들 연구에서 로스앤젤레스는 도시의 사회·경제지리적 특성이 새로이 성장하는 경제 부문에 기반하는 도시로 묘사되었다. 신성장 경제 부문에는 다양한 비공식 부문의 경제활동(Soja 1995)뿐만 아니라 애니메이션(Christopherson and Storper 1986), 영화 산업(Scott 1988), 첨단 방

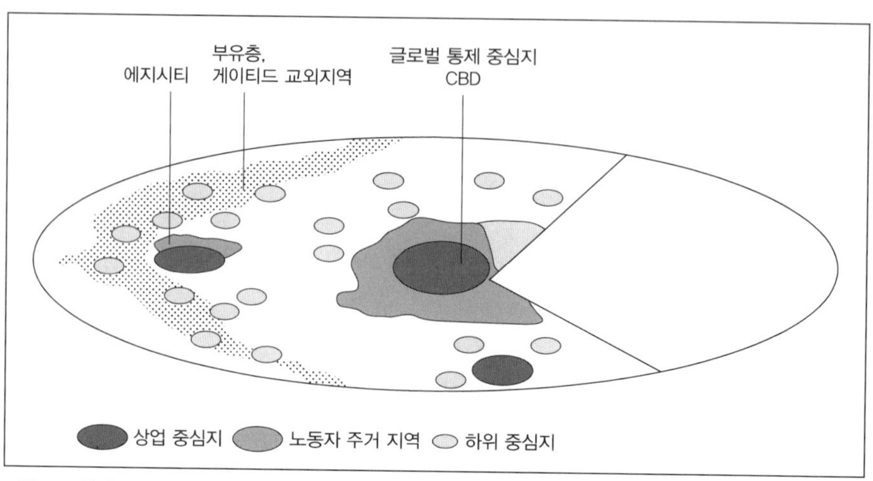

그림 2.4 후기산업사회의 '글로벌' 대도시 / 출처 : Graham and Marvin(1996 : 334)

위 산업 등이 포함된다.

하지만 이 모델은 두 가지 측면에서 비판을 받고 있다. 첫 번째 비판은 산업 구조조정이란 매개를 통하여 도시 공간 구조 재편을 야기하는 축적 체제의 변화들을 근린의 형성과 연결하려는 시도에 관한 것이다. 이를 근린 형성을 설명하는 기반으로 사용하는 것은 논리적 근거가 상당히 빈약하며, 근린의 형성과 재생산에 관한 다수의 논제들을 간과한 것이다. 이러한 접근 방법은 경제적 인과관계로 단순화함으로써 많은 취약점들을 노출하게 된다. 즉, 미시적 차원에서 근린 내 혹은 근린 간에 발생하는 사회적 갈등을 간과함으로써 인간의 행동을 전반적으로 무시하였고, 지나친 추상화와 구조화 작업에 우선적으로 초점을 맞추는 결과를 낳게 되었다. 경제 분야에 있어서도 이러한 관점은 지나치게 편협한 입장을 고수하여 선진 도시 경제의 주요 요소인 서비스 부문을 배제하는 결과를 가져왔다(Savage and Warde 1993 : 59~61).

두 번째 비판은 20세기 초 시카고 학파의 모델에 집중되었던 비판과 유사하다. 즉, 로스앤젤레스가 어떻게 20세기 말의 도시를 대표할 수 있는가? 하는 점이다. 본장의 서두에서 도시들은 오랫동안 다양성을 지속해 왔다고 지적한 바 있다. 따라서 로스앤젤레스가 도시화의 일반 모델을 제공할 수 있다는 주장은 명백히 잘못된 생각이다. 그렇다고 캘리포니아 학파의 연구자들이 로스앤젤레스의 예외적인 역사를 인식하지 못했다고 지적할 수는 없다. 로스앤젤레스에 대한 그들의 뛰어난 연구 결과로 인해 로스앤젤레스는 현재의 도시 형태에 관한 논의에서 이론적인 우위성을 지니게 되었던 것이다. 이 책의 상당 부분은 바로 이러한 문제, 즉 '산업사회'의 도시 형태가 '후기산업사회'의 도시 형태로 어느 정도까지 대체되었는가에 관한 문제를 검토하게 될 것이다. 로스앤젤레스가 우리 모두의 도시 미래를 대표할 수 있는가에 관한 문제는 독자들이 적극적으로 참여해야 할 부분이다.

캘리포니아 학파의 연구가 도시지리학에 가장 유익하게 기여한 점은 도시 형태 전반에 걸친 모델화 연구에 있는 것이 아니라 도시의 경관·경제·문화를 형성하는 과정에서 새로이 나타난 경향을 인식하게 해 준 것이며, 그들은 이것을 로스앤젤레스에서 처음으로, 그리고 가장 명확하게 확인하였던 것이다. 이러한 새로운 경향이란 경제 조직이나 생산에서 새로운 유연한 형태의 증가, 상호 연결된 세계 경제의 영향력 증대와 세계 경제 내에서 도시들의 역할 증가, 에지시티(edge-city)의 출현, 새로운 공간적 격리 패턴으로 표출되는 도시 내 다양한 형태의 경제·사회·문화적 불평등의 심화, 보호나 감시 그리고 배타성에 근거한 '편집증'적이고 방어 중심적인 건축물의 증가, 마지막으로 도시 경관 내의 시뮬레이션, 즉 실제 도시의 '암울한 현실'에 대한 대안적인 도시의 상상물(예를 들어, 테마파크, 안전한 테마상가), 일상생활로 파고들어 상당히 구별하기 어려운 시뮬레이션 등의 증가이다. 소자는 이러한 경향을 '구조 조정의 여섯 가지 지리적 특성'으로 요약하였다(Soja 1995 : 129~137). 이러한 경향이 후기산업사회의 도시 변화를 위한 청사진으로서 무비판적으로 받아들여져서는 안 되지만, 수많은 도시 로컬리티에서 다양하게 확인될 수 있는 과정들을 시사해 주고 있다.

새로운 도시?

분명히 도시와 도시를 창출하는 과정은 변화해 왔고, 계속 변화할 것이다. 이러한 변화의 의미를 이해하려고 노력하는 것은 중요하다. 과연 우리는 새로운 형태의 도시화에 따른 새로운 유형의 도시를 목격하고 있는 것인가? 그렇지 않다면 도시는 일부 피상적인 변화를 제외하고는 근본적으로 전혀 변하지 않은 채 남아 있는 것인가? 그것도 아니라면 도시는 이 둘 사이의 어딘가에 있는 것일까?

도시가 변하고 있다는 관점에서 보면, 세계자본주의의 변화가 도시와 도시 내부 구조 간의 관련성에 상당한 영향을 미친다는 것은 분명하다. 그러나 도시의 전체적인 구조는 여전히 포스트모던적이기보다는 모던적이다. 20세기 동안 전개된 도시 구조, 특히 산업자본주의와 국가의 도시 계획 체계에 의해 구조화된 도시 구조가 1970년대 초 이후 완전하게 변해 버린 것은 아니다.

새로운 도시가 출현하고 있다기보다는, '보다 새로운' 구성이 전통적인 구조 내에서 나타나기 시작했다고 표현하는 것이 더욱 적합한 것 같다. 새로운 구성 요소들이 어느 정도까지 주도적인가는 단언하기 어렵다. 현재 도시는 상당한 변화를 겪고 있다. 그러나 완전하게 변화하고 있다는 것도 어느 면에서는 잘못된 것이다(Cooke 1990 : 341; Soja 1995 : 126).

도시 변화를 연구하기 위한 틀

도시 경관은 빈 땅에 갑자기 세워진 영화 촬영장처럼 하루아침에 출현한 것이 아니라 창출된 것이다. 수많은 주체들이 이러한 창출 과정에 참여하였다. 누구보다 건축가, 디자이너, 건설업자, 부동산 개발업자, 건설 노동자 등이 대표적이다. 물리적인 도시 경관을 창출하는 데 직접적으로 관여한 사람들뿐만 아니라, 직접적으로 관여하지는 않지만 아주 중요한 역할을 하는 많은 주체들이 있다. 주로 건조 환경에 대한 투자가들이다. 이러한 그룹의 구성과 조직은 1980년대 중반 이후 상당히 변화했다. 그리하여 연금 기관이나 금융 회사와 같이 새로이 참여하여 영향력을 점차 증가시키는 주체들이 포함되었다(Knox 1991; 1993).

건조 환경을 창출하는데 사용된 기술은 건조 환경의 형태에 상당한 영향을 미쳤다. 20세기 초 마천루(skyscraper)와 같은 혁신적인 건축 기술의 발달은 많은 중요한 요인들, 특히 건축 기술과 정보 통신 기술의 발달이 상호 연결된 결과였다. 건축 기술의 변화(예를 들어 컴퓨터 기술의 도입)는 건조 환경의 창출과 건조 환경의 형태에 상당한 영향을 주었다. 이와 같은 건조 환경의 창출 요소들은 이 책을 통하여 검토될 것이다(Knox 1993).

도시 경관의 형성에는 제한 요소가 작용하고 있다. 도시 경관은 개발업자나 건축가의 일시적인 기분으로 급조된 것이 아니다. 건조 환경은 국가의 계획 체계를 통한 엄격한 통제하에 있다. 즉, 도시 경관은 창출되었을 뿐만 아니라 규제받고 있다. 국가의 규제 행위는 도시 경관의 발달과 물리적 변화 방향에 중요한 영향을 미치고 있다(Greed 1993).

도시 경관은 외형적 구조가 중요한 요소지만, 단순히 보이기 위해 창출된 것은 아니다. 도시 경관은 무엇보다 사용하기 위해 건설된 것이다. 도시 경관은 다양한 부문(주거, 상업, 공업, 소매 및 위락적 이용 부문)에 서비스를 제공한다. 도시는 창출되고 규제될 뿐만 아니라 소비되고 있는 것이다. 이러한 소비자 그룹과 그들의 수요 및 필요, 취향, 소비력 등은 그들을 위해 건설되는 경관에 상당히 영향을 미치게 될 것이다. 도시 경관의 변화에 작용하는 연관성을 이해하기 위해서는 이러한 측면을 고려해야 한다(Harvey 1989a : 77). 도시 환경에 대한 소비의 역동성은 1970년대 중반 이후 중요한 변화를 보이고 있다.

지금까지의 개략적인 설명은 주로 도시의 물리적 구성 요소인 건조 환경의 창출, 규제, 소비에 집중되었다. 그러나 이런 측면만이 이 책의 유일한 관심 부분은 아니다. 하지만 이것은 도시 생활의 더욱 많은 측면을 고찰하기 위한 버팀목이자 출발점을 제공하게 된다. 이 책의 앞 부분에서는 도시의 변화 및 경관, 사회, 경제 등을 창출하고 규제하는 데 영향을 주는 요인들에 초점을 맞출 것이다. 이는 6장과 7장에 종합될 것이다. 여기서는 도시 경관의 변화와 도시 이미지에 초점을 맞추는 동시에, 이와 밀접한 연관을 지니고 있는 경제적, 정치적, 사회적 그리고 문화적 맥락에서 구조화되는 방식을 강조하고자 한다. 8장과 9장에서는 어떻게 이러한 변화들이 계속해서 도시의 새로운 사회지리, 문화지리, 환경지리적인 특성을 구조화하는지에 대해 살펴볼 것이다. 그 과정에서 최근 도시 변화의 경제·정치·사회·문화적 영향도 고찰할 것이다.

새로운 도시지리학?

지리학 및 관련 학문은 오랫동안 도시와 도시화 과정을 이해할 수 있는 모델의 구축과 이론화 연구를 진행하였다. 이러한 연구의 전통은 여러 상반되는 관점으로부터 비롯되었다. 대안적인 사고 체계를 제시하는 학파들이 연이어 등장하는 한편, 개별 도시에 근거한 모델과 이론의 부적절함이 계속해서 노출되었다. 또한 이론적으로 취약하고 편협하기도 했고, 도시가 급변하여 모델이 쓸모없어지기도 했다. 도시를 설명하려는 기존의 모델들이 과연 적합한가에 관한 문제는 오늘날 변화하는 도시화의 본질을

프로젝트 아이디어(Project idea)

도시 경관의 창출 과정에는 어떠한 주체가 포함되는가? 잘 알고 있는 도시에 대한 증거를 다양한 차원에서 관여하는 모든 주체로부터 수집해 보시오. 이러한 주체들은 어떠한 차원에서 역할을 하는가? 국지적 차원, 국가적 차원 아니면 국제적 차원인가? 이들 주체에는 특히 건설업자, 건축가, 개발업자, 투자가 등이 포함될 것이다. 그들은 어떠한 제한과 규제를 받는가? 그리고 누가 이러한 규제들을 책임지고 있는가?

고려할 때, 또다시 시의적절한 문제로 떠오르고 있다. 3장에서는 20세기를 장식했던 도시 이론의 변천사를 간략히 살펴보고, 다음과 같은 질문을 재고하고자 한다. 도시를 이해하려는 기존의 방법들은 쓸모가 없어진 것인가?

에세이 주제

- '도시 모델들은 그들이 밝힌 것 이상을 감추고 있다.' 토의하시오.
- 캘리포니아 학파 지리학자들에 의해 인식된 새로운 도시화 과정이 어느 정도까지 전 세계의 도시들에서 명확하게 나타나는가?

주제별 읽을거리

- 아래의 문헌은 주요 참고 문헌이며, *The City Reader*의 자매편이다.

Fyfe, N. and Kenny, J. (eds) (2006) *The Urban Geography Reader*, London: Routledge.

- 아래의 문헌은 도시의 진화 과정과 성장에 관한 훌륭한 입문서이다.

Knox, P. and Pinch, S. (2000) *Urban Social Geography: An Introduction*, Harlow: Prentice-Hall (ch. 2).

- 이 장과 관련하여 많은 읽을거리를 담고 있는 주요 참고 문헌은 다음과 같다.

LeGates, R. T. and Stout, F. (2003) *The City Reader*, London: Routledge

(2nd edn).

* 아래의 문헌은 고전적인 도시 발달사를 다룬 저서이다.

Mumford, L. (1991) *The History of the City*, Harmondsworth: Penguin.

* 도시지리학자 등이 도시를 연구한 캘리포니아 학파의 대표 저서는 다음
과 같다.

Scott, A. and Soja, E. W. (eds) (1998) *The City: Los Angeles and Urban Theory at the End of the Twentieth Century*, Los Angeles, CA: UCLA Press.

웹 자료

Centre for Advanced Spatial Analysis, University College London - www.casa.ucl.ac.uk

Chicago Past and Present - www.historyillinois.org/hist.html#chicago

Los Angeles City Website - www.ci.la.ca.us

chapter 3

도시지리학에서 변화하는 접근 방법

Changing approaches in urban geography

5가지 주요 개념

- '도시적(urban)'이라는 개념은 국제적으로 다르다.
- 도시 지역은 독특한 프로세스나 영향에 종속되지는 않는다.
- 도시지리학은 역사적으로 볼 때 접근 방법의 급진적 변화에 영향을 받았다.
- 도시지리학은 도시의 변화와 발전에 대한 서술, 해석, 설명과 관련이 있다.
- 최근 도시지리학은 다원성 및 특정 단일 관점의 설명력에 대한 신중성으로 특징지을 수 있다.

도시적인 것은 무엇인가?

도시적인 것은 무엇인가? 이 질문은 논의를 시작하기 위한 좋은 질문이기도 하지만 다소 어리석은 질문으로 보일 수도 있다. 대부분 사람들은 보는 것만으로도 도시 지역을 알아볼 수 있다. 그러나 이 질문의 핵심은 인식이 아니라 정의의 문제이다. 우리는 '도시적'이라는 것을 어떻게 정의

할 수 있는가? 설령 도시적인 것이 있다 하더라도 도시적이라는 것이 갖는 독특한 것은 무엇인가? 정성적으로 볼 때 도시 지역이 다른 지역들과 어떻게 다른가?

어떠한 지역이 도시적인가, 도시적이지 않는가를 구별하는 것은 비교적 쉬운 일이다. 여기에는 활용 가능한 다양한 지표들이 있다. 가령 인구 규모, 인구 밀도, 서비스의 수 및 범위, 고용 구조 등이 해당된다. 몇몇 사회학자들은 도시적 생활양식과 비도시적 생활양식 간에는 명백한 차이가 있다는 주장을 하기도 하였지만, 이러한 주장은 신랄한 비판을 받았다(Glass 1989; Savage and Warde 1993 : 2). 도시적-비도시적과 같은 구분은 서술적 분류법이다. 이러한 분류를 통해서 현재 도시 지역에서 나타나는 특징을 서술할 수 있는 반면, 도시 지역이 갖는 고유성 및 도시적인 것에 대한 개념 정의에 필요한 기본적인 사항들을 분리·구분할 수는 없다. 이러한 지표들을 통해서는 유형의 차이가 아니라 정도의 차이만을 확인할 수 있기 때문이다.

예를 들어 상점은 도시 지역이나 비도시 지역에서 공히 발견할 수 있다. 도시 지역에 있는 상점들이 비도시 지역에 비하여 보다 크고 전문화되어 있으며 수 및 범위도 다양하다고 할 수 있지만, 도시 지역 상점만이 갖는 배타적 속성은 존재하지 않는다. 우리가 발견할 수 있는 차이점은 유형이라는 기본적 차이라기보다는 정도의 차이라 할 수 있다. 만약 도시 지역과 비도시 지역이라는 분류가 각각의 지역에서 발견되는 쇼핑 시설의 차이라고 한다면, 도시 지역과 비도시 지역 간의 경계를 어디로 할 것인지에 대한 결정은 객관적이지 않으며, 반드시 명확하다고도 할 수 없다. 즉, 우리가 결정해야 하는 문제인 것이다. 이러한 분류는 기껏해야 인간의 의견일 뿐이며 자연법칙이라 할 수는 없다. 이렇게 도시 지역과 비도시 지역을 구분하는 많은 구분법들의 결함으로, 두 지역의 구분은 혼란스럽다.

기본적으로 분류 체계가 확실하지 않은 것은 국가마다 그 분류 체계가 서로 다르다는 사실을 보면 알 수 있다. 예컨대 스칸디나비아(Scandinavia)는 인구가 최소 300명인 거주지를 도시적인 것으로 분류한 반면, 일본은 최소 30,000명을 도시적인 것으로 하고 있다.

그러므로 '도시적인 것은 무엇인가?' 라는 질문은 얼마나 많은 인구, 상점, 오피스가 도시를 만들고 있는가를 물어보는 것으로는 해결되지 않으며, '도시를 형성 · 변형하고, 도시 내에서 작용하는 과정이 도시에만 고유한가' 또는 '그것들이 도시 지역과 비도시 지역 모두에 공통적인 것인가'에 대한 질문을 통해 해결될 수 있다. 그러나 고유성에 대한 이 질문의 대답 역시 '그렇지 않다' 이다. 이러한 과정들이 도시 지역에서만 독특하게 나타나지도 않으며, 도시를 형성하고 변형시키는 동일한 과정들이 비도시 지역을 형성 · 변형시키고 있다. 우리는 다양한 특징들을 도시 지역에서 찾을 수는 있지만, 그러한 특징들을 일반적인 사회적 과정의 산물이라는 측면에서 보면 도시 지역의 특징들이 비도시 지역과 기본적으로 상이하다고 할 수는 없다(Glass 1989 : 56; Savage and Warde 1993 : 2). 예컨대 특히 도시 내부에서 도시 지역의 주요 특징으로 고려되는 빈곤은 시골 지역에도 동일한 정도로 발견된다. 도시 지역에 빈곤이 있기는 하지만 다른 것들과 마찬가지로 빈곤은 도시적 문제라기보다는 사회적 문제이다.

사실 명확하게 구분되는 도시 지역의 특징은 독특함이 아니라 상이함이라 할 수 있다. 이러한 차이들은 상이한 지역적 상황에 따라 서로 다른 지역에서 상이한 결과들을 생산하고 있음을 반영하는 것이다. 이와 같은 맥락에서 보면 도시적이라 하는 것은 장소의 자연적이고 고유한 유형으로서가 아니라, 지리학자나 여타 사회과학자들이 공간에 초점을 맞춰 사용하는 편의상의 구분으로 간주되어야 한다.

'도시적'이라 함은 많은 이유에서 의미 있는 구분이 된다. 예를 들어 학자들은 도시와 시골과 같은 주제에 대해 연구 및 출판을 조직하는 일을 계속 수행한다. 따라서 도서관에서는 '도시(urban)'라는 분류를 사용하여 책과 저널들을 정리한다. 추가로 '도시', '농촌(rural)'과 같은 카테고리는 사회, 협회, 정부 조직, 행정 조직 등에서도 반영된다. 영국에도 이와 같은 예를 찾을 수가 있는데, 잉글랜드 '농촌' 보호 협의회(Council for the Protection of 'Rural' England), '도시' 개발공사('Urban' Development Corporations), '농촌' 경관 사무국(The 'Countryside' Agency), '시티' 챌린지 프로그램(The 'City' Challenge Programme) 등이 그것이다. 도시적이라는 것은 자연적인 것이 아니라 독특한 장소 유형, 단순히 편의상의 구분이지만 사회적·학술적 인식을 반영하고 있으며, 결국 의미 있는 연구 주제를 형성하고 있는 것이다.

도시지리학이란 무엇인가?

일반적으로 볼 때 도시지리학은 도시지리학자가 하는 것이다. 이것은 아주 유용한 정의라기보다 명확한 개념 정의에 필요한 주제들의 부족함을 보여 주는 것이다. 그럼에도 이를 통해 대다수 도시지리학자들에게 적용되는 공통의 관심사를 알 수 있다. 이러한 관심 사항은 다음 세 가지 유형으로 요약할 수 있을 것이다. 첫째, 서술적 관심사(descriptive concerns)는 도시 지역의 내부 구조에 관한 인식과 서술, 도시 지역 내부의 작동 과정 혹은 도시 지역 간의 관계 등을 포함한다. 둘째, 해석적 관심사(interpretive concerns)는 도시 지역의 패턴과 과정에서 사람들이 이해하고 대응할 수 있는 조사 방법을 활용하여 인간 활동에 대한 해석의 기초를 제공하는 것이다. 셋째, 설명적 관심사(explanatory concerns)는 이러한 패턴과 과정들의 기원을 밝히는 것이다. 여기에는 특정한 지역 환경에서 일반적인 사회적 과정 및 다른 지역과는 다른 징후들을 조사하는 것들이 해당된다(Short 1984).

그러나 역동성이 없다면 도시지리학은 전혀 흥미롭지 않거나 중요하지 않다. 이러한 관심사에 대한 강조는 20세기 도시지리학이 학문 영역으로 발전하면서 중대한 변화를 겪게 된다.

역사적 과정에서 보면 도시지리학은 지리학자들이 도시적인 것에 대한 탐구를 수행하는 과정에서 파생되는 급격한 변화들로 특징지어 진다. 이는 도시지리적 접근법을 뒷받침하는 철학이 급격하게 변화하였음을 반영하고 있다. 각각의 접근 방법은 위에서 언급한 접근 중 어떠한 것에 역점을 두는지에 따라 영향을 받았다. 다음 절에서는 20세기 도시지리학의 주요 접근에 대해 간략하게 설명할 것이다.

도시지리학에서 변화하는 접근 방법들

초기 접근 방법들

사이트와 시추에이션

20세기 초 연구들은 주로 입지와 거주지 개발의 결정 요인으로 물리적 특징을 고려하고 있다. 이러한 관심사는 도시의 규모가 커지고 복잡하게 성장하면서 거의 모든 역사적 연구, 몇몇의 농어촌 연구에서 변화하여 왔다. 과거 입지 요인은 연속된 도시화의 규모에 의해 무시되거나 혹은 도시 지역의 형태와 기능이 변화함에 따라 중요성이 감소하였다.

도시형태학

도시형태학은 도시지리학의 중요한 기원이다. 도시형태학은 20세기 초 독일의 대학을 중심으로 특히 발전하였다. 이것은 도시 지역 성장 단계에 대한 조사 검토를 통해 도시 개발의 이해를 추구하는 서술적 접근이다. 이러한 접근 방법의 목적은 건물과 건물 대지의 크기를 증거로 이용하여 성장 단계에 의한 도시 지역을 분류하는 것이다. 도시형태학 접근은 보다 과학적인 접근 방법이 지리학과 일반사회과학을 지배함에 따라 1950~1960년대에 많은 비판에 직면하게 되었지만, 1980년대에 제한적으로나마 다시 활용되게 된다. 최근의 연구들은 도시의 형태 및 설계에 있어 건축가, 계획가, 도시 경영자들의 역할에 초점을 맞추고 있다(Whitehand and Larkham 1992).

현대의 접근들

위에서 언급한 두 가지 접근은 도시지리학의 태동과 연관이 있다. 1950년 이후, 시대를 풍미하였던 접근들은 보다 많은 다양성과 성숙함을 지니고 있다. 이러한 접근들이 갖는 가장 중요한 의미 및 비판은 다음에 간략히 정리되어 있다.

접근 방법들이 명백한 차이가 있음에도 불구하고 제시된 모델들은 몇 가지 유사성을 보여 주고 있다. 기본적으로 이러한 접근 방법들은 모두 도시의 유형과 과정이 인간의 선택, 행동, 보다 넓은 사회적 과정이 결합하여 나타난 결과물이라는 것이다. 궁극적으로 이와 같은 접근 방법들의 목적은 다음 세 가지 사항을 탐구하기 위한 것이다. 첫째, 어디에서 쇼핑할 것인지, 어디에서 살 것인지, 어디에 어떻게 건축할 것인지 등 매우 다양한 문제들에 관하여 인간이 선택하는 방법을 고려하고 이러한 결정이 도시적 패턴과 과정에 어떻게 영향을 미치는가를 탐구하였다. 둘째, 인간의 선택에 영향을 미치는 제약과 이러한 제약이 도시화에 미치는 영향을 탐구하였다. 마지막으로 선택과 제약 간의 관계에서 나오는 결과들을 고려하였다. 선택과 제약 조건이 결합된 결과로서 나타난 도시 발달 관계와 도시 발달 방식의 지배적 측면은 어떤 것인가를 고려하였다. 다음에서 논의할 접근들이 서로 차별적인 이유는 선택과 제약에 대한 상대적인 중요도가 다르기 때문이며, 그 과정에서 선택과 제약이 상호작용하고 있기 때문이다. 선택과 제약은 1950년대 이후 도시지리학에서의 주요 주제이다.

실증주의적 접근

실증철학의 출현이 1820년대로 시기를 거슬러 올라간다 하더라도, 실증철학이 도시지리학에 중요한 영향을 미친 것은 기껏해야 1950년대부터 이후부터이다. 이러한 현상은 과학적 접근법이 사회과학에 미친 영향과 더불어 매우 방대하고 복잡한 통계 자료를 처리할 수 있는 컴퓨터 용량 증가를 반영하고 있는 것이라 할 수 있다.

실증철학은 인간의 행동이 보편적 법칙에 의해 결정되며 기본적인 규칙성을 보인다는 믿음에 기반하고 있다. 실증철학의 목표는 이러한 보편적 법칙과 식별할 수 있는 지리적 패턴을 만들어내는 방법 등을 밝혀내는 것이었다. 실증주의적 접근은 생태적 접근(ecological approach)과 신고전 접근(neo-classical approach) 두 가지로 나눌 수 있다.

생태적 접근은 인간의 행동이 생태적 원칙에 의해 결정된다는 믿음에 기반하고 있다. 즉, 일반적으로 소득 수준에 의해 규정되어 있는 가장 강력한 집단이 공간에 대한 가장 유리한 입장(예를 들어, 가장 우수한 거주지)을 확보할 것이라는 믿음에 기반하고 있다. 이러한 도시지리학파는 1920년대 사회학의 시카고 학파까지 거슬러 올라가는 것으로, 버제스의 동심원 모델과 호이트의 선형 모델까지 포함하고 있다(그림 2.1, 2.2 참조).

생태적 접근은 컴퓨터를 통해 세련되게 수정되면서 1960년대 동안 발전하였다. 그러나 이러한 정교화 작업에도 불구하고 서술적 직관 이상의 것을 제시하지 못했으며, 1970년대까지 도시에서 목격되는 많은 문제들에 대해 설명하지 못한다는 비판에 직면하게 되었다. 따라서 생태적 접근은 다른 접근들로 대체되기 시작하였다(Ley 1983).

이러한 모델들을 흥미롭게 적용한 사례는 만이 개발한 1965년 영국 도시들에 대한 모델이다. 버제스와 호이트의 모델을 이용한 만의 모델에서 주요 혁신적 사항은 동심원과 선형을 결합하여 거주 계층 패턴을 제시한 것이다. 이것은 도시들이 동심원에 근사한 패턴으로 외곽으로 성장하지만 소득의 차이로 인하여 선형적 패턴으로 발달할 것이라는 인식에 기반을 두었다. 만은 또한 주택 공급에 있어서의 지방 당국의 조치, 전후 영국 도시들의 도시지리학적 중요 관점, 주거 입지에 영향을 미치는 부정적인 산업 외부 효과 등을 포함하였다. 만은 중심 지역의 산업 공해가 바람을 타고 영국 동부 도시들로 확산되어 거주 입지로서의 지역적 가치를 떨어뜨렸다고 주장하였다. 이것이 주거 계층의 동서 분리를 만들었다는 것이다. 이 주장은 많은 영국 도시들에 대한 고찰을 통해 지지를 받았다. 그러나 이러한 혁신성에도 불구하고 이 모델은 구시대적이며 접근 방법 자체가 한계를 가질 수밖에 없다.

신고전 접근은 인간의 행동이 주로 한 가지에 의해 동기 부여되며 따라서 예측 가능하다는 믿음에 기반하고 있다. 신고전주의자들은 이러한 추동력이 이성이라 믿었다. 신고전주의자들의 주장은 개인의 결정이 이성에 기반하여 시간과 돈 등의 비용을 최소화하고 이익을 극대화한다는 것이다. 이러한 행동 유형을 '효용 극대화'라 한다.

두 가지 실증적 모델에 의해 만들어진 도시들은 깔끔하고, 규칙적이며, 동질적인 지역이었다. 실증적 모델이 현실과는 거리가 있다는 점은 이 모델들에 대한 많은 비판의 단초를 제공하였는데, 이는 실증적 모델이 지나치게 단순한 가정에 기반하고 중요한 요인이나 동기 부여 등을 간과하였다는 점을 반영하고 있다. 또한 실증적 모델들이 다양한 인간의 행동에 영향을 미치는 동기 부여나 특색 있고 주관적인 가치 등을 인식하지도, 설명하지도 못함으로써 1970~1980년대 출현한 행태적·인본주의적 접근에 의해 비판을 받게 되었다. 행태적·인본주의적 접근은 동기 부여의 복잡성 문제를 탐구의 중심에 두었다. 실증적 모델들은 또한 인간의 의사 결정에서 발생하는 제약 요인들을 적절히 고려하지 못했다는 점에서 비판을 받았다. 1970년대 초에 재출현한 이론과 접근들은 구조주의라는 큰 틀에 속하며, 이들은 위에서 논의한 불균형 문제를 바로잡기 위해 노력하였다.

행태적·인본주의적 접근

행태적 접근과 인본주의적 접근은 실증주의 접근이 간과하였던 점에 대한 비판으로부터 발전하였다. 이러한 접근들은 주변의 환경을 이해하는 방식에 있어 인간 행동의 중심은 인간이어야만 한다는 믿음으로 결합되었다. 그러나 이 문제에 대한 접근 방법은 행태적 접근과 인본주의적 접근이 서로 매우 달랐다. 행태적 접근은 실증주의적 접근의 확장으로 간주될 수 있다. 행태적 접근들은 인간의 행동에 대한 실증주의의 편협한 개념을 확장하려 노력하면서 인간 행동의 밑바탕에 있는 가치, 목적, 동기 부여 등을 보다 분명히 설명하고자 하였다. 그러나 행태적 접근은 인간의 행동을 고찰하는 데 있어 법과 같은 일반화를 밝히는 데 여전히 관심을 기울였다. 행태적 접근은 행동이 주변 환경의 객관적 지식에 어떻게 영향을 받는가를 조사 탐구하였다.

인본주의적 접근은 매우 다른 철학적 배경에서 시작하였다. 인본주의적 접근은 개인, 집단, 장소, 경관 사이의 심오하고 객관적이며 매우 복잡한 관계를 이해하려고 노력하였다. 1950~1960년대 급진적인 과학적 접근법이 시작되면서 인간과 환경 간의 관계를 이해하기 위하여 인류와 접목

된 분석 기술을 사용하였다. 이러한 현상은 그들이 사용한 자료에 반영되어 있다. 예컨대 그림, 사진, 영화, 시, 소설, 일기, 자서전 등이 해당된다. 도시지리학에서 인본주의가 미친 영향은 제한적이었다. 대부분의 인본주의적 작품은 시골 혹은 산업화 이전의 사회에 만들어진 것이었다. 도시지리학에서의 인본주의는 주로 현대 도시의 단조롭고 삭막한 경관 등에 대한 비판으로 발전하였다. 이러한 측면에서 인본주의적 관점을 가장 잘 적용한 것은 에드워드 렐프(Edward Relph)의 『장소와 장소 상실Place and Placelessness』(1976)이다.

행태적 접근과 인본주의적 접근이 서로 다르기는 하지만, 두 접근 모두 도시 형태에 대한 서술적 모델의 생산에 천착하지 않고 인간과 주변 환경 간의 관계에 대하여 해석적 통찰을 하였다. 그러나 두 접근에 내재된 한계와 구조주의자들로부터의 비판, 인간의 의사 결정과 행동에 영향을 미치는 제약 요인들을 고려하지 못함으로써 오랜 시간 그 영향력을 지속시키지는 못했다는 한계가 있다.

구조주의적 접근

일반적인 사회과학, 특히 도시지리학에서 구조주의적 접근은 소위 사회적 관계와 공간적 관계가 자본주의적 생산 방식에 의해 결정되거나 영향을 받는다는 신념을 통해 이해할 수 있다. 그러나 그러한 분석이 사회적, 공간적 관계 내의 인간 행위의 역할을 적절히 설명하지 못하였다는 비판으로 이어졌다. 구조주의적 접근은 인간을 경제 구조 속의 단순하고 수동적이며 속임을 당하는 존재로 취급하였다는 이유로 비판을 받았다. 구조주의 도시지리학은 '구조적' 차원과 '인간적' 차원을 통합하기 위한 시도를 통해 많은 발전을 이루었으며, 그 과정에서 '환원주의(reductionism)'라는 비판을 극복하게 된다. 도시지리학에서 구조적 분석은 주로 칼 마르크스(Karl Marx)의 저작물에 대한 해석에서 시작한다. 마르크스가 역사를 보는 관점은 일련의 '생산 방식'이었는데, 이 생산 방식은 경제적 토대와 사회적 상부 구조 간의 특별한 구조적 관계로 특징지어 진다. 초기의 마르크시즘은 경제 기반의 변화가 사회적 상부 구조를 통제하고 결정하는 것으로 해석하였다. 이러한 논의가 지나친 단순화라는 문제가 있지만, 시간이 경과하고 마르크시스트 학파간의 상이성으로 인해 관계를 해석하는 방법이 매우 다양하게 변화하게 된다.

신마르크시스트(neo-Marxist)는 일반적으로 1960년대 말까지 거슬러 올라가 사회과학에 영향을 미친다. 이 시기에는 지리학이 보다 유의미하고 긴급한 사회적 문제를 해결해야 한다는 요구가 있었다. 이러한 요구는 베트남 전쟁, 도시 빈곤, 인종적 불평등, 개발도상국의 증가하는 부채 등과 같은 이슈에 대한 공격적인 대응에 자극받은 것이었다. 또한 계량적, 실증적 지리학이 이러한 문제를 해결하지 못했다는 인식이 팽배하게 되었다. 계량적 지리학은 특히 불평등 생산과 관련하여 자본주의 시스템에 내재된 결과를 순진할 정도로 무시함으로써 비판을 받았다. 신마르크시스트 지리학은 이 시스템의 비판으로부터 발전하게 된 것이다(Cloke *et al.* 1991).

신마르크시스트적 도시학은 공통의 이념적 입장에서 시작하였음에도 불구하고 깔끔하고 일관적인 업적을 내지는 못하였다(Short 1984 : 3). 신마르크시스트 도시지리학은 저자들 간의 논쟁 및 동일 저자의 연구 내에서 기존의 입장을 전적으로 포기하면서 발생한 갑작스런 단절 현상 등을 보여 주었다. 신마르크시스트 도시지리학의 영향력 있는 두 인물은 마누엘

카스텔(Manuel Castells)과 데이비드 하비(David Harvey)로, 이들 연구에는 이러한 긴장 관계가 잘 나타나있다(Bassett and Short 1989 : 181).

  카스텔의 가장 유명한 두 가지 저서로는 『도시 문제 : 마르크시스트 접근*The Urban Question: A Marxist Approach*』(1977년 영어로 번역)과 『도시와 민초*The City and the Grassroots*』(1983)가 있다. 두 저서 모두 경제사회적 구조와 공간적 구조 간의 관계를 밝히고 있다. 『도시 문제』는 이러한 관계들을 매우 추상적이고 이론적으로 설명하고 있다는 이유로 비판가들로부터 종종 비난을 받기도 하였다(Bassett and Short 1989 : 183). 카스텔은 특히 도시 위기에 대한 관리자로서의 국가의 역할을 강조하였다. 그가 주장하는 것은 진부한 마르크시스트 전통에 따라 도시 위기들이 자본주의적 생산 방식에 내재된 모순에서 기인한다는 것이다. 제목에서 알 수 있듯이 『도시와 민초』는 마르크시스트 구조에 인간적 활동 영역(human agency)을 포함하려는 연속적인 시도였다. 카스텔은 도시사회적 저항운동과 이들 운동이 도시 변화에 미친 영향에 대한 방대한 사례를 연구하였다. 『도시와 민초』에서는 지배적인 계급 이념과 경제적 관계의 요구 사항이 공간에 문제를 일으키지 않고는 새겨질 수 없음을 인식하였다. 이러한 요구 사항이 직면한 저항과 반대운동의 패턴은 공간 관계에 반영된다. 경제, 사회, 공간 간의 관계를 최대한 분석하기 위해서는 이러한 저항을 인식하는 것이 중요하다(Bassett and Short 1989 : 181~183).

  하비는 초기 저서인 『사회적 정의와 도시*Social Justice and the City*』(1973)에서 도시 개발의 역사적 순환을 다양한 자본 순환(circuits of capital)에서 발생한 과잉 축적 위기에 대한 해결 방안으로 이해하고 있다. 이것은 도시의 재구조화를 보다 넓은 경제적 재구조화 과정과 연계시키려는 접근이다.

이 저서에 의하면 건조 환경이 투자와 이윤 창출의 목적지임에 초점을 맞추면서 보다 광의의 경제적 상태와 연계하고자 하였다. 하비는 제조업과 상품 생산에 자본이 과잉 축적된 후, 다시 이 부문들에 대한 투자 감소로 이어질 때, 생산 및 건조 환경에 대한 투자가 발생한다고 주장하였다. 이러한 과정을 통해 토지 및 부동산을 매력적인 대안적 투자로 만든다는 것이다. 투자를 용이하게 하는 구조가 존재한다면 이러한 조건을 통해 자본이 전자에서 후자로 전환되게 된다. 이를 마르크시스트 용어로는 1차 순환에서 2차 순환으로의 자본 전이(capital switching)라 부른다. 한편 자본 전이와 도시 성장의 패턴은 순환적 형태를 취하게 된다. 2차 순환에서의 투자는 결국 해당 부문에서 자본의 과잉 축적으로 이어져 투자가 감소하게 된다. 이러한 현상의 결과로 자본이 1차 부문으로 다시 전환되거나 2차 순환에서 보다 큰 이윤 창출이 가능한 투자 기회를 찾게 된다는 것이다. 이상과 같은 상황은 신규 개발에서 찾아볼 수 있다. 자본 전이는 자본이 보다 큰 이윤을 창출할 수 있는 곳으로 이동하는 과정에서 버려진 건조 환경에서 두드러진다. 하비에 의해 적용된 마르크시스트 경제 이론에서는 건조 환경을 자본주의 도시에서 발생한 과잉 축적 위기에 대한 임시방편적이고 불안정적인 해결책으로 간주한다(Savage and Warde 1993 : 46~47). 전후 미국 교외 지역의 성장과 1970~1980년대 영국의 오피스붐(office boom) 등이 하비의 의견과 일치하는 사례들이다.

그러나 이러한 접근은 한계를 갖는다. 새비지와 워드(Savage and Warde 1993 : 48~50)는 하비가 도시지리학에 기여한 것을 검토하면서 많은 한계를 제시하였다. 하비가 제시한 건조 환경과 사회적 투쟁에 대한 설명은 많은 중요한 차원을 생략하고 있다는 점에서 부분적이다. 하비는 2차 순환 내의 자본 전이는 입지의 변화가 포함됨을 제시하지만 이는 반드시 모든 경우에 해당되는 것이 아니다. 예를 들어 공장이 쇼핑 아케이드로 바뀌는 것과 같은 부동산의 전환을 간과하고 있다. 자본이 실제로 입지를 바꾸지 않았다고 해서, 이들 변화가 사회적 결과를 가져오지 않는다는 것을 의미하지는 않는다. 공장에서 일거리가 없어 해고당한 노동자들은 고급스런 쇼핑 아케이드나 와인 바에서 일자리를 구하기는 어려울 것이다. 설령 그들이 이러한 일자리를 구한다 하더라도 그들이 받는 보상은 이전 직장에서 받은 것과 비슷할 수는 없다. 사회적 투쟁에 대해 하비의 설명은 계급에 따라 조직된 이러한 투쟁을 개념화하는 것에 지나치게 천착되어 있다. 즉, 이론적으로는 반드시 결점이 있다고는 할 수 없지만 적어도 한계는 있는 것이다. 하비는 또한 계급 이외의 것에 기초한 집단에 대해서는 고려하지 않는다. 도시 재구조화 과정에 중대한 영향을 끼치는 젠더, 민족 등에 기초한 집단들이 존재하는 것이다. 예를 들어 영국의 맨체스터, 미국의 뉴욕, 미니애폴리스, 샌프란시스코 등 여타 도시들의 게이 그룹은 그들만의 은밀한 지역을 개발하는 데 많은 영향력을 행사하고 있다(Lauria and Knopp 1985; Knopp 1987). 이러한 연합들은 계층의 경계를 초월한다. 아마도 하비의 접근법이 지닌 가장 심각한 한계는 중요성이 있는 연구, 광범위한 연구 프로그램을 지속하지 못한다는 점일 것이다. 하비의 연구에는 자신의 의견을 뒷받침할 정교한 사례들이 거의 없으며, 이러한 공백을 채우려 나서는 사람들도 거의 없다(Savage and Warde 1993 : 48). 하비의 아이디어가 학술적 범주에서 풍부한 논쟁거리를 생산해 냈지만, 많은 논쟁이 지나치게 추상적이고 도시 재구조화에 대한 사례 연구에 있어서도 구체적이지 못하였다. 예를 들어 하비가 자본 전이의 원인과 결과를 구분하지 못한 것에 대해서도 이론적으로는 약간의 문제가 남아 있다. 통상 이러한 문제들은 차후에 이론적 사고를 응용하는 과정에서 간과되기 마련인데, 하비의 연구는 그런 것 같지 않다(Bassett and Short 1989 : 183~186; Savage and Warde 1993 : 45~50).

도시사회학

도시지리학과 도시사회학은 전통적으로 매우 밀접한 관계를 맺어 왔다. 아이디어의 상호 교환은 1920년대 버제스의 동심원 모델의 생산까지 거슬러 올라간다(그림 2.1 참조). 동심원 모델은 시카고대학 도시사회학의 연구 결과물로 훗날 도시지리학에서 연구와 교육의 튼튼한 기반이 되었다. 도시지리학과 마찬가지로 도시사회학도 절대 고정적인 것이라 할 수 없으며 많은 이론적 발전과 논쟁을 거쳐 왔다. 도시사회학은 특히 도시사회지리학에 영향을 미쳤다. 도시사회학에서 가장 영향력 있는 연구들은 사회학자 막스 베버(Max Weber)의 영향을 받은 소위 신베버주의(neo-Weberian)라 일컫는 연구들에서 기원하였다. 신베버주의는 도시를 희소한 자원을 규제하고 배분하는 장소로 인식하였다. 이 분야의 선구적인 연구로는 존 렉스(John Rex)와 로버드 무어(Robert Moore)가 수행한 연구를 들 수 있는데, 그들은 버밍엄 내부에서 소수 민족과 이들의 주택에 대해 연구함으로써 '주거 계층(housing class)'이라는 개념을 조사하였다. 이 결과 고전적 연구인 『인종, 공동체, 갈등: 스파크브룩 연구*Race, Community and Conflict: A Study of Sparkbrook*』(Rex and Moore 1967), 『영국 도시의 식민의 이민자*Colonial Immigrants in a British City*』(Rex and Tomlinson 1979) 등이 발간되었다. 이 연구들에서 그들은 사람들이 주택에 접근하는 이유가 단순히 직장 때문이 아니라 인종을 포함한 많은 다른 요인들이 있기 때문이라 주장하였다(Savage and Warde 1993 : 68). 예를 들어 '주거 어메니티(amenity)' 관점에서 아시아의 공인회계사 보다는 백인 노동자가 더 좋다' 라는 것이다(Smith 1977 : 233). 연구에서는 이러한 주장을 입증하기 위하여 민간 임대업자, 지역 정부, 주택금융조합의 인종 차별 예를 밝혔다. 이 연구는 본질적으로 1960년대부터 시작하여 많은 진화를 거듭하면서 다양하게 전개되었다. 특히 지역 정부, 부동산 중개인, 주택금융조합 등 공공 및 민간 게이트키퍼(gatekeepers)의 중요성과 사회적 분배를 창조하고 유지하는 데 있어 생산보다는 소비의 역할을 강조하였다(Ley 1983 : 280~323). 사회학자들이 주거와 고용 조건을 기초로 도출한 사회계급적 사고는 본질적으로 다른 고용 지역과 주거 지역이 혼재되어 너무 포괄적이기 때문에 분석 수단으로는 부적합하다는 것을 인식함에 따라 신베버주의 접근은 관심 밖으로 밀려났다(Saunders 1990; Savage and Warde 1993 : 69).

드러난 도시 : 도시 경관의 상징적 의미

1980년대 중반 이후로 도시는 많은 학자들의 탐구 대상이 되었다. 이들은 상호 밀접하게 연결되어 있는 접근 방법을 추구하였는데, 이러한 접근 방법을 신문화지리학(new cultural geography)이라고 한다. 모든 지리학자들이 우수한 업적을 내지 못한 것은 결코 아니지만, 이러한 접근 방법을 통해 도출된 몇몇 훌륭한 업적은 인류학자나 역사학자들이 수행한 것들이었다. 도시가 갖는 다양성에도 불구하고 신문화지리의 틀 내에서 연구하는 학자들의 관심은 도시, 경관, 건물 등의 의미를 드러내는 데에 있었다. 도시는 단순히 물리적 인공물들의 집합소가 아니라 이념이 투영되고, 문화적 가치가 표현되며 권력이 행사되는 곳이다. 도시, 경관, 건물의 의미는 생산자, 건축가, 건축업자, 계획가, 소유자 등에 의해 도시에 새겨진다. 이러한 생산자들은 문화적, 계급적 상황에 위치한다. 개별 과정을 담은 전기(傳記)가 중요한 자료이기는 하지만, 궁극적으로 도시의 의미들은 단순히 색다르거나 개인적인 것이라기보다는 계급, 자본, 국가, 종교, 여타 문화적 상황에서 기인한, 보다 넓은 의미로서의 위치를 반영하고 있다. 이러한 의미라는 것이 도시, 경관, 건물 등에 투영되어 그림, 소설, 시, 광고, 사진, 영화 등을 통해 다양한 매체로 표현되는 것이다. 신문화지리학 혹은 이와 유사한 접근 방법을 지지하는 사람들은 우리가 도시와 그 구성요소를 비가시적인 과정의 가시적 징후 및 문화적 위치로 간주하기도 하고, 문화적 위치의 상징적 표현으로 간주하고 있다고 주장하였다. 도시 공간의 상징적 의미를 정의함에 있어 학자들은 사회과학 못지않게 인문학에서 시작된 접근 방법들도 지지하였다(Cosgrove 1989). 이러한 현상은 도시를 '텍스트'로, 그들의 접근을 경관에 대한 '해석'으로 간주하려는 기술적 은유에서 명확히 드러난다.

체제(framework)는 도시가 왜, 어떻게 특정한 의미를 발전시키는지, 이러한 의미들이 어떻게 구성, 해석, 유지되는지를 밝히기 위해 필요하다. 접근 방법 중에 도시를 텍스트로 간주하는 것이 있는데, 동일한 방법으로 소설, 영화 등도 텍스트가 될 수 있다. 이 텍스트는 저자가 있으며, 다양한 과정과 기술로 특별한 방법을 통해 구성된다. 텍스트는 그 안에 착근한 일련의 의미들로 해석할 수 있는 형태를 지니게 된다.

(Savage and Warde 1993 : 12)

도시 지역에 새겨져 있거나 혹은 부가되어 있는 의미를 해체하고 분석하기 위해 다양한 체제가 제시되었다. 이러한 체제들의 상이함에도 불구하고 이들 모두는 일반적으로 기호화되어 있다. 기호화라는 것은 의사소통 혹은 신호 체계를 조사하는 접근 방법이다.

다양한 해석자들의 주장은 건조 환경에 많은 단계적 의미가 반영되어 있다는 것이다. 예를 들어 아모스 라파포트(Amos Rappaport 1990)는 다음 세 가지를 인식하였다. 첫째는 생산자의 세계적, 우주적 관점을 반영하는 높은 수준의 의미이다. 가령 우주 구조에 대한 종교적 관점을 반영하기 위한 도시 설계 등이 이에 해당된다. 둘째는 생산자의 계급, 문화적 입장을 반영하는 중간 수준의 의미이다. 특정 사회집단의 지배적 위치, 인식된 권세, 혹은 그들의 지배력 암시 등을 위한 건축물의 높이 등이 여기에 해당된다. 마지막으로 공간의 일상적 사용을 반영하는 낮은 수준의 의미이다. 이 의미 단계는 공간 설계에서는 알 수 없으며, 사람들이 여기에 새겨진 의미에 대해 확신하고 뜻을 알려고 도전하는 과정을 통해 알 수 있다. 모나 도모쉬(Mona Domosh 1989; 1992)는 19세기 말 뉴욕의 기업적 경관인 마천루 연구를 통해 도시 경관 의미의 관련 모델을 제시하였다. 그러나 그녀에 따르면 경관을 해석하기 위해서는 멀리는 경제·사회·문화적 변화 기록뿐 아니라 생산자의 개인적 기록, 도시 공간 설계 뒤에 내재되어 있는 기능적 필요성 등도 고려해야 한다고 주장하였다. 그녀는 이것들이 일반적으로 긴밀하게 연계되어 있다고 주장한다.

뉴욕에 있는 많은 초기 마천루들은 19세기 말 도시의 믿을 수 없는 경제적 확장에 필요한 공간을 제공하기 위한 것 못지않게, 개인 정체성의 표현, 비즈니스 통찰력, 미적 유산이 담겨져 있다.

(Domosh 1992 : 84)

도시 공간의 상징적 의미를 조사·탐구하려는 다양하고 수준 높은 연구 사례들은 많이 있다. 영향력 있는 초기 연구 중 하나는 하비가 한 연구이다. 이 연구는 파리 샤크레케르 대성당(Basilca of the Sacred Heart)에 부여된 변화되고 대조적인 의미를 고난의 역사 동안 투쟁의 장소가 된 것으로 해석하고 있다(1979; 1989 재판). 다른 흥미로운 연구들로는 제임스 던칸(James Duncan 1990)이 스리랑카 캔디(Kandy)의 경관을 국왕 권력과 종교적 우주론으로 해석한 연구, 소자(1989; 1996)가 현대 로스앤젤레스의 경관을 도시민의 견제, 기업을 드러내고 도시의 무질서를 배제하려는 기업 자본 권력, 도시 당국이 도시 부유층의 피해망상 등에 영향을 받아 군사적 이념을 반영한 것이라 해석한 연구 등이 있다.

하비의 연구에서 제시한 것처럼 도시 공간의 상징적 의미는 고정된 것이 아니라 사회가 변화하고 시간이 경과하면서 변화한다. 동유럽 사회주의 지도자들의 동상이 갖는 의미는 이것의 명백한 사례가 된다. 공산당의 절대 권력을 상징하였던 이러한 기념물들은 혁명기에는 권력 투쟁의 장소가 되었지만, 현재는 죽은 권력을 상징하는 기념물이거나 혹은 동상을 만든 사람의 최초 의미는 없어져버린 유적인 것이다. 혁명의 경우에 사회적 변화가 매우 급격하지만, 점진적 사회적 변화 또한 경관의 상징적 의미에 영향을 미칠 것이다. 영국 사회에서 세속화의 증가는 교회에 나가는 사람들의 수를 점진적으로 감소시켰고, 이는 영국의 많은 마을과 도시에 있는 교회들이 문을 닫는 결과로 이어졌다. 이후 문을 닫은 교회들이 술집(첼튼엄 Cheltenham)이나 나이트클럽(동커스터 Doncaster)으로 사용된 것은 설계와 배치상 다른 대안으로 이용하는 데 한계가 있었음에도 불구하고, 최초 의도했던 의미와 달리 서로 다른 것들이 연합하면서 상징적 의미가 부여된 것이다. 이러한 전환을 염두에 두었던 데니스 코스그로브(Denis Cosgrove 1989)는 우리가 지배적인 경관 측면에서의 상징적 경관, 대안적 경관, 거주 경관, 유적 경관 등을 고려해야 한다고 제안하였다.

숨어있는 이념과 도시 경관에 새겨진 의미를 밝히는 많은 연구가 이론적이고 수준 높은 것은 명백하지만, 최근 들어 이러한 이론적이며 정교한 연구는 비판을 받고 있다. 연구들이 생산론자의 편견을 보여 준다는 것이다. 다시 말해 이 논의들은 도시 경관에 새겨지는 도시적 의미 생산에 지나치게 천착되어 있어, 사람들이 어떻게 의미와 이념을 이해하고, 반응·소비하는가에 대한 중요 사항을 간과하고 있다는 것이다. 도시 경관에 새겨진 의미와 개개인이 도시 경관에서 받아들이는 의미 간에는 어떠한 연관성도 없다. 실제로 사람들이 도시 경관에서 받아들이는 의미들은 결코 우리가 믿고 있는 기호학적 연구의 의미보다 다층적이고 복잡하지 않다. 소수 특별한 사례를 제외하고(예: Ley and Olds 1988; Duncan 1992; Ley and Mills 1993) 사람들이 이념의 수동적 소비자라는 미신이 붕괴로 이러한 연구는 거의 감명을 주지 못한다. 레이와 밀스(Ley and Mills 1993 : 258)는 이러한 생산론자 편견을 비판하고 있다.

지배적 통제력이 있는 그러한 모델들에서는 대중을 획일적이고 아무 문제가 없으며 수동적이고 저항적 잠재력이 없는 것으로 표현한다. 대중문화에 대한 이러한 관점은 동떨어져 있으며 엘리트주의적이다. 예컨대 로스앤젤레스의 감시 상태에 대한 소자(1989)의 견해는 높은 곳에서 본 관점으로서, 전체 사회적 통제의 올가미가 도시 주위에 빠듯하게 그려진 것처럼 묘사할 때 우리는 수천의 문화적 세계의 어떠한 구성원이 말하는 것도 알지 못한다. 왜냐하면 저자를 제외한 어떠한 다른 목소리나 가치가 허용되지 않기 때문이다. 문화적 헤게모니에 대한 많은 문헌에서처럼 인식에 대한 사회적 통제는 주장되기는 하지만 증명되지는 못했다. 우리가 조작된 대중의 목소리를 찾을 때 글에서는 입을 벌린 침묵을 만나게 된다.

예를 들어 경관과 쇼핑 습관 등과 같은 최근의 연구를 통해 이러한 간극들이 알려지기 시작하였다(Evans *et al.* 1996; Miller *et al.* 1998). 쇼핑몰에 대한 기존 연구는 건축물, 장식물, 상점의 배치에 대한 상세한 해석을 소비 자본주의라는 주요 이념을 반영하는 것으로 해석하는 것들이었다(Gottdiener 1986). 여기에는 경관들이 다른 해석 혹은 논쟁과 가깝다는 암묵적인 가정이 존재하였다. 이러한 환경에서 쇼핑객들의 행동을 분석하는 것은 기존 연구에는 없었다. 그러나 최근의 연구는 이전 연구들에서 제시했던 것보다 쇼핑이 훨씬 더 복잡한 행동임을 보여 주고 있다. 쇼핑 행위에는 상이한 집단들의 다층적 의미가 포함되며 쇼핑 경관은 쇼핑객들에 의해 다양한 방법으로 해석되고 있다. 이론적으로 볼 때 이는 해석 과정에 대한 문학적 이론에서 온 아이디어에 의지한다. 가령 브라이언 스톡(Brian Stock 1986)의 텍스트 공동체(textual community) 개념과 같은 아이디어는 사람들이 문학적 텍스트 혹은 도시 경관에 대한 텍스트를 해석하는 것이 전적으로 개인적인 것은 아니며, 오히려 집단의 텍스트에 대한 공통된 해석이 함께

하는 것이라는 것을 암시한다. 그러한 연구는 기호론적 분석 형태의 한계와 도시 공간 의미 분석의 새로운 방향을 시작하는 신호임을 입증하였다.

최근 도시 이론

1990년대 도시 이론은 다소 불확실한 상태였다. 어떠한 철학적 관점도 지배적이지 않았다. 실제로 도시지리학자의 공통된 철학적 관심 중 하나는 총체적 도시 이론를 거창하게 요구하는 것에 대한 경계심이다. 이것의 부정적 결과 중 하나는 도시지리학자들 사이에서 공개적인 이론적 논쟁을 회피하였다는 것이다. 그러나 하나의 철학적 헤게모니가 없었다는 것은 도시지리학이 다방면의 관점을 응용하는 것을 가능하게 했다는 긍정적인 측면도 있다. 도시의 '해석'은 마르크시스트 경제학, 신베버리안 사회학처럼 문학적 이론, 영화 연구, 심리 분석, 문화 연구 등에서 출발한 관점들을 포괄할 수 있을 것이다.

이러한 거대 이론에 대한 절충주의와 냉소주의는 이 장에서 개략적으로 설명한 도시 이론들이 도시에 대한 부분적 설명 이외의 어떠한 것도 제공하지 못했다는 느낌에서 나온 것이다. 나아가 도시 이론들은 신기술, 새로운 거버넌스 형태, 새로운 경제적 힘, 새로운 생태적 관심 등 도시 발달에 영향을 미치는 새로운 추동력들로부터 점차 동떨어져지게 되었다. 그러나 총체적 도시 이론이 결국 사라지지는 않을 것이다. 진심으로 그것들이 사라지지 않기를 바란다. 도시지리학의 많은 지적인 발전은 철학적 추종자들의 충돌에 의한 논쟁에서 비롯되었다. 그러나 도시 이론이 유용한 기여를 하기 위해서는 두 가지 사항이 필수적이다. 첫째, 도시 이론은 도시가 발전함에 따라 성장하고 변화해야 한다. 이론적으로 잘 알려진 '전자 도시 (electronic city)'와 '지속가능한 도시(sustainable city)'에 대한 설명은 이들 도시가 20세기 중반에는 산업도시였기 때문에 21세기 초에 반드시 필요한 논의가 되었다. 둘째, 도시 이론은 실질적인 도시 이슈에 뿌리내리고 있어야 한다. 세계 주요 도시에 영향을 미치는 다양하고 긴급한 도시 문제들이 있다. 이러한 문제들은 도시가 변화해도 사라지지 않을 것이다. 거친 추상적인 논쟁보다는 현실과의 비교를 통해 얻어진 관점들만이 도시지리학의 적합성을 향상시킬 수 있다.

이 책은 새롭거나 혹은 대안적인 총체적 도시 이론 개발을 시도하지는 않는다. 실제 이 책의 대부분은 이러한 총체적 이론을 경계하면서 기술되었다. 오히려 이 책은 20세기 말과 21세기에 새롭게 등장하는 도시화 추동력과 도시 변화에 대한 중요한 문헌들을 종합 · 제시하는 것을 목적으로

하고 있다.

에세이 주제

* 도시지리학의 발전이 진화보다는 혁명으로 특징지어졌는가? 토의하시오.
* 도시지리학이 다른 분야로부터 어느 정도로, 어떤 방법으로 영향을 받았
  는가?

주제별 읽을거리

* 주요 아이디어와 이슈에 대하여 간결하면서도 도움이 될 수 있게 정리한
  에세이는 다음과 같다.

Caves, R. (ed.) (2005) *The Encyclopedia of the City*, London: Routledge.

* 다음은 *The City Reader*의 자매편이다.

Fyfe, N. and Kenny, J. (eds) (2006) *The Urban Geography Reader*,
  London: Routledge.

* 도시 연구 주요 저자들의 최초 연구가 있는 저자는 다음과 같다.

LeGates, R. T. and Stout, F. (2003) *The City Reader*, London:
  Routledge(2nd edn).

* 도시지리학에 대한 소개와 개관이 담긴 문헌은 다음과 같다.

Pacione, M. (2001) *Urban Geography: A Global Perspective*, London:
  Routledge (ch.2).

▪ 주로 사회학적 관점에서 도시 연구를 한 훌륭한 안내서는 다음과 같다.

Savage, M., Warde, A. and Ward, K. (2002) *Urban Sociology, Capitalism and Modernity*, London: Palgrave Macmillan.

변화하는 도시의 경제지리적 특성

The changing economic geography of the city

5가지 주요 개념

- 도시의 경제지리학적 연구는 세계 경제의 맥락에서 이해해야 한다.
- 탈산업화는 많은 도시들의 경제에 상당한 영향을 주었다.
- 새롭게 출현하는 경제 부문들은 이전 상황의 경제 활동과는 다른 지리학적 특성을 보인다.
- 많은 경제 활동은 도시 내·간 분산화되고 있다.
- 문화와 창조적 산업들은 과거에 산업 이너시티 지역이었던 곳을 재활성화할 수 있다는 가능성을 보여 주었다.

도시와 세계 경제

도시의 발달이 기본적으로 세계 경제 내에서의 위상에 의해 영향을 받는다는 것은 명백하다. 이것은 도시 발달 과정을 이해하는 데 중요한 문제들을 낳는다. 첫째, 단지 도시 내부를 살펴보는 것만으로는 도시의 형성과 재형성 과정을 이해할 수 없다는 것이다. 훨씬 넓은 시각에서, 도시가 국내적 요인들뿐만 아니라 국경 밖으로부터 야기되는 과정에 의해 형성된다는 것을 수용해야 한다. 그러나 도시가 이러한 과정의 무기력한 포로가 아니라는 사실을 잊어서는 안된다. 범세계적인 힘은 지방으로 전달된다. 즉, 범세계적인 힘의 결과는 지방 정부, 경제, 문화의 특성 같은 지방적 요인에 의해 결정된다. 도시는 지방적·지역적·국가적·국제적 요인의 상호 작용에 의해 형성된다(Healey and Ilbery 1990 : 3~6).

둘째, 세계 경제가 다국적·초국적 기업의 국제적 경영에 의해 상호 연결되는 정도가 증가하고 있다는 것이다. 그러나 도시화의 국제적 차원은 사실 새로운 것이 아니다. 도시는 오랫동안 국제적 기능을 수행해 왔으며, 많은 도시들이 상당 부분 국제적 기능에 의해 형성되어 왔다. 영국의 구산업도시들은 오랫동안 전 세계 국가와 교역을 해왔으며, 런던은 전 세계의 중심 역할을 했다. 이러한 국제적 기능의 유산이 여전히 도시 간의 연결에서뿐만 아니라 도시의 경관, 경제, 제도 등에 나타나고 있다.

국제적 기능의 오랜 역사에도 불구하고 도시화의 국제적 특성에 대한 중요성이 1990년대에 새롭게 인식되게 된 이유는 다양하다. 이전의 도시화에 대한 설명은 도시화의 국제적 차원의 중요성을 과소평가하는 경향이 있었으며, 부분적인 설명으로만 취급되었다. 국제 경쟁의 역효과가 유럽과 북미의 상당수 구산업도시의 경제에 나타나기 시작했다. 유럽연합(European Union) 같은 국제 조직이 지방적인 측면에서 부를 형성하는 데 점차 중요성을 가지게 되었으며, 많은 영향력 있는 기업들이 국제적으로 운영되었다(Knox and Agnew 1994; Hamnett 1995).

이번 장에서는 네 가지 문제를 통해 도시화의 국제적 차원을 고찰하고자 한다.

- 지난 30년간 세계 경제의 주요 경향은 무엇인가?
- 유럽과 북미의 도시들은 이러한 경향에 어떠한 영향을 받아 왔는가? 도시의 내부 구조와 운영 그리고 도시 간 관계에 대한 영향을 고찰할 것이다.
- 이러한 영향이 도시의 특성에 따라 어떻게 차이가 있는가?
- 도시는 이러한 변화에 어떻게 반응하였는가?

탈산업화와 도시

북미와 유럽의 주요 도시의 상당수는 1850년대 이래 산업 자본의 팽창에 기반을 두고 있거나 밀접히 연관되어 있다. 도시 내 산업의 성장은 도시 역사에서 중요한 단계를 형성하였다. 그러나 1980년대 초 이들 도시의 상당수는 경제 부문에서 몇 가지 심각한 문제를 경험하게 되었다. 제조업 부문의 쇠퇴에 따른 실업은 북미와 유럽의 구산업도시들이 직면한 중요한 문제가 되었다. 이러한 문제의 속도와 범위는 놀라운 것이었다(**표 4.1 참조**).

극명한 현상을 고찰한 결과 도시 지역에서 제조업의 쇠퇴 문제는 여러 중요한 차원에서 나타난다.

표 4.1 제조업 고용의 감소(1975~2004, 영국)

연도	종사자수(천 명)
1975	7315
1980	6801
1985	5254
1990	4994
1995	3918
2000	3951
2004	3282

출처 : Labor Market Trends/Employment Gazette

- 시간적 : 장기 실업 문제의 출현. 실업 인구의 상당수가 1년 이상 직장을 구하지 못하는 것으로 나타났다.
- 부문적 : 실업은 한때 국가 경제의 중요한 부문이었던 제조업에 집중되었다.
- 지역적 : 지역 간 현저한 차이가 나타났으며 영국의 북부 자역파 북미의 중서부 제조업 지대 등이 심각한 경제 문제를 지닌 지역으로 출현하였다.
- 도시 : 공업에 기반을 둔 도시들은 제조업의 쇠퇴에 많은 어려움을 겪게 되었다. 이것은 대개 내부 지역에 집중되었다.
- 사회적 : 실업의 최악의 영향은 청년층, 중장년층, 남성, 소수 민족을 포함하여 많은 사회집단에 집중되었다.

북미와 유럽 공업도시의 탈산업화는 공장 폐쇄, 국내나 해외 다른 지역으로의 공장 이전, 기술에 의한 고용 대체 등 세 가지 요인에 기인하고 있다.

탈산업화의 영향

북미와 유럽의 모든 도시들이 똑같이 탈산업화의 과정에 영향을 받은 것은 아니다. 경제 구조가 다양성을 지니고 있거나 경제에서 제조업의 비중이 미미한 도시들은 탈산업화 기간 동안 매우 다양한 경제적 행운을 향유하였다. 다양한 산업도시의 영향을 일반화하기란 어렵다. 탈산업화의 영향은 산업 부문마다 다양하며 개별 도시 경제의 구성 요소와 지방 정부의 행동에 달려 있다. 그러나 이러한 질적인 차이에도 불구하고 탈산업화가 1960년대 이래 유럽과 북미에 있는 대도시에 영향을 미친 가장 중요한 경제적 과정인 것은 사실이다.

도시 산업 부문에서 경제적 역동성의 손실을 가장 극적으로 보여 주는 것 중에 하나가 영국 대도시의 전체 도시 인구 감소이다. 이 현상의 가장 큰 원인은 역도시화(counter-urbanisation)나 행정 경계를 넘은 인구의 교외화로 알려진 인구 전출(out-migration)이다. 특히 이 현상은 1970년대와 1980년대에 나타났다.

몇몇 도시들은 1980년대 말에 인구가 회복되는 징후를 보이고 있다. 이러한 과정은 주로 중산층이 교외 지역으로 이동하는 사회적 차원으로 나타난다. 반면에 좀 더 빈곤한 집단은 훨씬 덜 이동적이다. 대도시 지역 밖으로의 이주와 공장 폐쇄가 결합하여 이너시티 지역에 경제적 진공 상태를 야기하였으며 소득, 생활방식, 기회의 측면에서 도시 인구의 공간적 양극화를 초래하였다. 더욱이 이너시티는 그 자체가 공식 경제의 역동성과 단절되었으며, 남겨진 장소와 사람들은 이러한 역동성이 어디로 이동하느냐에 따라 발전하거나 실패하였다.

경제적 변화에 대한 설명

탈산업화의 원인에 대한 가장 보편적인 설명 중의 하나는 신생 공업국가로의 고용 이동이었다. 이것은 구산업도시들의 내부 지역에 있는 제조업 기능들을 능가하는 신국제분업의 출현을 의미하는 것으로 논의되어 왔다. 이 이론은 세계 경제 발달의 많은 부분을 설명할 수 있다. 이것은 서구 도시들의 탈산업화, 신생 공업국 도시들의 성장, 상호 연결된 세계 경제의 조정과 통제 중심지로서 세계 도시의 성장을 설명한다. 다만 이 이론의 설명이 틀린 것은 아니지만 한계가 있다(Savage and Warde 1993). 예를 들어 지나치게 경제 과정에 의존하여 경제적 변화와 명백히 관련이 있는 도시의 사회지리적 특성에 대해서는 거의 언급이 없다는 것이다. 이 이론은 경제 변화와 도시화 간의 관련성을 단지 한 방향으로만 설명하고 있다. 이러한 관점은 거시 경제적 변화가 도시에 어떠한 영향을 미치는지는 설명할 수 있다. 그러나 개별 도시의 특성, 예를 들어 경제적 지도력이나 지역 업무 공동체(local business community)가 거시 경제적 과정의 운영에 어떠한 영향을 미칠 수 있는지에 대해서는 설명하지 못하고 있다. 바깥에서 안으로 도시를 바라볼 수는 있으나, 안에서 바깥을 볼 수는 없다. 국제분업에서 도시들의 위상은 도시들의 지리적 입지나 경제적 역사에 의해 자동적으로 결정되는 것이 아니다. 도시들은 이러한 요인들에 의해 제한을 받을지 모르지만, 그들에게 영향을 주는 경제적 과정의 운영에 영향을 미칠 수도 있다. 신국제분업 관점은 경제 변화와 도시화 간의 관련성에 있어 중요한 측면에 대한 언급을 거의 하지 않는다(Savage and Warde 1993).

이전의 이론보다 훨씬 덜 추상적인 접근 방법을 채택한 대안적 이론이 '구조조정' 이론이다. '구조조정'은 변화하는 경제적 조건에 따라 조직을 재편하는 것과 연관이 있다. 이 접근 방법은 주로 두 명의 지리학자들에 의해 발전되었다. 도린 매시(Doreen Massey)와 리차드 미건(Richard Meagan)이 1970년대 말과 1980년대 초 개정한 『고용 감소의 실체 : 어떻게, 왜, 어디에서 고용 감소가 이루어졌나?*The Anatomy of Job Loss: The How, Why and the*

Where of Employment Decline」(Massey and Meagan 1982)와 『공간적 분업*Spatial Division of Labour*』(Massey 1984) 같은 저서를 통해서이다. 매시와 미건은 고용과 실업률의 공간적 불균등이 영국 경제의 특징이라는 것을 언급하였다. 그들은 이것이 기업과 조직에 의해 수행된 공간적 구조 재편 결정의 결과라고 주장하였다. 기업은 이득을 위해 공간을 이용할 수 있다(예를 들어 공간에 따른 노동비의 차이). 구조조정은 세계 경제의 경쟁 증가에 직면하여 이익을 유지하기 위해 이러한 공간적 차이를 이용하도록 조직된다. 국가 및 국제 발달의 불균등한 패턴은 노동비뿐만 아니라 지역의 사회문화적 특성(예를 들어 노동조합의 역사, 호전성 등) 같은 공간적 차이를 이용하는 조직화의 능력을 반영한다.

구산업도시 내부 지역의 탈산업화는 제조업에 반영된 구조조정으로 설명될 수 있다. 이들 지역은 비싼 노동비, 교외 지역이나 농촌 지역에 비교되는 노동조합의 호전성을 특징으로 한다. 매시와 미건은 지역적 전문성이 생산 과정의 구성 요소가 붕괴되고 공간적으로 분산되면서 어떻게 발전하는가를 서술하고 있다. 이것은 구산업 지역이 어디서나 조절되고 소유되는 단순 생산 공장 지역이 되는 것과는 달리, 기업 본사와 조절·통제 기능이 집중되는 영국의 남서 지역의 출현을 설명할 수 있었다. 매시와 미건은 자본의 이동성 증가와 지역의 자연적 특성보다는 사회적 특성의 중요성이 증가하는 것을 인식하였다.

이 접근 방법은 많은 긍정적 발전을 만들어 냈다. 영국의 변화는 도시와 지역 구조에 대한 중요한 연구 프로그램을 지속시켰으며, 사회적·문화적 특성이 경제적 구조조정에 어떠한 의미를 갖는지를 보여 주었다. 여기서 생겨난 중요한 것은 경제적 구조조정과 장소의 특정한 지리적 구성 요소

간의 관계가 일방적인 것이 아닌 쌍방적 관계라는 것을 밝히는 시각이다. 경제적 구조조정이 개별 장소의 지리적 특성에 영향을 미치며 동시에 이러한 독특한 지리적 특성 자체가 경제적 구조조정의 과정과 운용에 영향을 미친다. 구조조정 접근 방법은 장소가 단순히 위로부터 누적된 경제적 변화의 수동적 반응자가 아니라, 이러한 변화의 결과에 능동적으로 영향을 주는 것임을 보여 주고 있다(Savage and Warde 1993).

그러나 이러한 구조조정 접근 방법은 1980년대 말과 1990년대에 비판을 받게 되었다. 다른 접근 방법에 비해 구조조정 접근 방법은 특정 장소에 대한 경제적 구조조정의 영향을 빈약하게 표현하고 있다. 구조조정에 대한 연구들은 장소를 그들이 실재하는 것보다 훨씬 더 응집적이고 이질적으로 묘사하는 경향이 있다. 그들이 개념화한 것으로 연구가 수행되었던 '로컬리티(localities)'는 상대적으로 모두 소규모이고 상당히 독특한 지역이다. 그러나 이것은 공간적·경제적·사회적으로 많은 내적 다양성을 보여 주었다. 그래서 로컬리티에 대한 경제적 구조조정의 영향은 로컬리티의 사회적·경제적 구조에 따라 다양하게 나타났다. 영향은 상당 부분 이러한 구조 내에서 자신의 입지에 따랐다. 그렇다고 해서 이러한 영향을 연구하기 위해 어느 정도 내적 등질성을 제안할 수 있는 공간적 단위를 채택하는 것이 꼭 의미 있는 것은 아니다. 전반적으로 구조조정 접근 방법은 경제적 구조조정의 중재에서 공간의 역할을 지나치게 강조하고, 로컬리티의 내적 구조의 중요성은 과소평가하는 경향이 있다. 구조조정 접근 방법은 의미 있는 것으로 평가되어야 하지만, 경제적 구조조정의 중재에서 사회적·문화적 요인의 중요성을 나타내는 데는 한계점이 있다(Savage and Warde 1993).

도시와 서비스 경제의 성장

1980년대 초반 이후 서비스 부문의 고용 성장은 아주 낙관적이었다. 유럽, 북미 그리고 호주의 수많은 도시에서 이러한 대체 산업(즉 서비스) 부문의 성장이 기존의 제조업 부문의 쇠퇴를 상쇄할 수 있다고 생각하였다. 그런데 서비스 부문의 성장은 분야별, 사회적, 지리공간적으로 상당한 특징을 가지고 있었다. 서비스 부문은 제조업의 쇠퇴를 완전히 흡수하지 못하였을 뿐만 아니라 서비스업을 통해 이윤을 챙기는 장소와 사람들은 제조업의 탈산업화에 맞서 견뎌 온 장소와 사람들과는 매우 달랐다(Hudson and Williams 1986 : 112; Allen 1988).

1980년대 초반 서비스 부문의 고용 성장을 뒷받침할 수 있는 근거들이 많은데, 전문화된 금융과 법률 서비스에 대한 사업 수요, 공간적으로 분산된 기업 간의 경제 활동을 연결시키는 데 요구되는 조정 기능, 그리고 서비스에 대한 가구 부문의 수요 증가 등을 들 수 있다. 1945년에서 1990년까지 서비스 부문의 고용은 거의 75% 성장하였다. 이러한 성장은 분배 서비스와 은행이나 보험 같은 생산자 서비스 부문에 편중되어 나타났다 (Cameron 1980; Allen 1988; p.83 표 4.2 참조).

서비스 관련 일자리의 절대적인 수적 증가는 제조업 부문의 절대적인 실업보다는 적었다. 이것은 전체적으로 볼 때 실업 인구가 더욱 증가하고 있음을 반영한다. 이러한 현상은 영국 경제의 사례를 통하여 명확히 설명할 수 있는데, 서비스 부문의 고용의 현격한 증가에도 불구하고 1981년에서 1991년 사이에 전체 실업은 더욱 증가하였다. 그런데 이러한 절대치만 가지고는 고용 구조 변화의 사회적·공간적 차원을 단정 지어 설명하기에는 부적합하다.

예를 들어 영국의 경우, 도시와 농촌에 대한 서비스 부문 성장의 영향과 제조업에서 서비스업으로의 엄청난 변화는 사회적, 경제적, 시계열적, 성별적 차원 간의 복잡한 상호작용을 살핌으로써 해석할 수 있다. 이것은 영국 전역에 실업률 증가와 지역 노동 시장의 변화, 서비스 부문의 공간적 이심의 증대를 야기시켰다.

첫째, 서비스 부문의 고용 성장이 제조업에서의 실업을 완전히 흡수할 수 없었다. 이러한 변화는 지역적으로 불균형적인 특징을 가지고 있다. 전체적인 실업 증가 측면에서 악영향을 받은 지역들은 예를 들어 미들랜드 (Spencer *et al.* 1986), 북잉글랜드, 켈틱(Celtic) 주변 지역처럼 과거 제조업의 핵심 지역이라고 할 수 있는 도시 지역들이었다. 이외에도 이와 같은 지역들로는 남웨일스, 서미들랜드, 북동 지역, 스코틀랜드의 클라이드사이드 (Clydeside), 북아일랜드 등을 들 수 있다(Champion and Townsend 1990). 이와 유사한 패턴은 미국과 호주에서도 발생되었다. 이러한 도시로는 볼티모어, 피츠버그, 클리블랜드, 디트로이트, 시카고가 있다. 미국의 경제 성장은 예를 들어 캘리포니아와 같이 애니메이션 산업, 생명공학 그리고 우주항공 연구와 같은 새로운 기술을 이용한 산업이 입지한 선벨트(sun belt) 지역에 집중되었으며, 쇠퇴하는 지역과는 현격히 대별되어 나타났다(Knox and Agnew 1994 : 247). 호주의 러스트벨트(rust belt)로는 빅토리아, 태즈메이니아, 사우스오스트레일리아 주를 들 수 있으며, 선벨트로는 퀸즐랜드(Queensland)와 웨스턴오스트레일리아 주가 해당된다(Stimson 1995). 부문별 경제 변화는 '공간 경제'의 변화를 수반하고 있다. 선벨트를 기후와 연관하여 설명하는 것은 공간 경제에 있어 새로운 부문과 지역의 부상을 서술하고 설명하는 데 적절하다. 온화한 기후는 종종 새로운 산업 성장을 설명하는 데 중요한 이점 중의 하나로 취급된다. 예를 들어 캘리포니아의 기후는 새로운 산업에 있어 고급 노동력을 끌어당기는 이유가 된다.

러스트벨트 지역들은 서비스 부문의 성장이 둔한 반면, 남성 고용의 대규모 감축으로 양적으로 악영향을 받았을 뿐만 아니라 질적으로도 변화되었다. 새로운 서비스 부문은 제조업 실업과는 상당한 차이를 보인다. 노동 시장에 있어 시간제 고용과 임시직 같은 유연적인 고용이 늘었으며, 여성 노동력이 성장하였다. 이러한 변화는 노동 시장의 중산층 붕괴로 인한 수입 기회의 양극화와, 여러 분야에서 가족 생계를 담당하는 역할이 남성에서 여성으로 확대되는 사회 관계의 변화를 의미한다.

서비스 부문 성장의 지리적 특성 역시 복잡하다. 그런데 영국의 주요 특성은 남동부 지역으로부터 사무 업무 고용의 선택적 이심으로 요약될 수 있다. 영국의 사무 업무 부문은 1960년대에 급속도로 발전했고 런던과 남동부 지역 주변에 집중되었다. 사무 업무의 집중은 런던 시의 금융 중심 지역에 인접하려는 국내 기업과 다국적 기업의 본사 입지와 새로운 국내 산업의 본사와 공공 서비스의 확대를 포함한다. 초기의 사무 업무의 이심 현상은 중앙 정부 활동에 의해 대규모로 촉진되었다. 사무 업무의 개발허가제는 남동부 지역의 경계를 넘어 사무 업무를 촉진시키는 법안이었고, 사무 업무 입지국(the Location of offices Burean 1964~1979)은 대체할 사무 업무 입지를 증진시키고 런던에서 정부 기관을 이전시켰다. 예를 들어 자동차 면허 사무국은 스완지(Swansea)로 이전했다(Hudson and Williams 1986 : 111). 이는 전반적으로 사무 업무 고용 발전을 균등하게 하고자 하는 의도였다. 민간 기업은 1960~1970년대에 이심화되기 시작했다. 그러나 이 업체들은 남동부 지역 내에 여전히 남는 경향이 많았다. 이글스타(Eagle Star) 보험회사는 첼튼엄으로, IBM은 브리스틀(Bristol)로 이전했다. 즉 이 지역 밖으로 이전한 경우를 보기가 드물었다.

텔레커뮤니케이션(telecommunication) 기술의 개선으로 '가상 오피스(virtual office)'의 가능성이 이루어지면서 기업들은 기능에 따라 공간적으로 '분화'된 사무 업무를 구성하기 시작했다(Bleeker 1994; Graham and Marvin 1996 : 128). 이는 낮은 수준의 '백오피스(back-office)' 기능과 중간 관리 기능이 기존 제조업 도시들의 주변과 켈틱 주변 지역으로 이전하는 결과를 낳았다. 이러한 이신은 보다 싸고 유연한 노동력을 가질 수 있는 이점이 있다. 보다 높은 수준의 관리 기능은 이전되지 않았다.

서비스 고용 성장에 의해 창출된 직업의 형태들은 상대적으로 적은 수의 관리직과 저임금, 저숙련, 단순 작업 및 시간제나 임시직의 특징을 갖는 직업으로 양극화되는 경향을 보였다. 이러한 고용 기회의 양극화는 탈산업화 과정에 의해 붕괴된 노동 시장의 중간 계층(안정된 임금, 전업, 반숙련 직업)을 흡수하는 데는 실패했다. 사회적으로 탈산업화를 통해 발생된 고용자들을 재취업시키는 데 실패한 것이다. 서구 지역 경제의 노동 시장은 일반적으로 국가 경제뿐만 아니라 기존 산업 지역에서 남성에서 여성 고용 중심으로 이동되는 특징이 있었다. 일반적으로 서비스 경제의 성장을 특징짓는 이심화는 초반에 텔레커뮤니케이션의 발전에 의해 촉진되었다. 그런데 텔레커뮤니케이션의 계속적인 발전은 백오피스 기능의 해외 이탈을 야기함으로써 서방 선진국 주변 지역이 갖는 이점을 잠식하는 결과를 가져왔다. 이러한 현상의 이면에는 해외 지역의 값싼 노동력의 과잉 공급과 관련된 이점이 있었기 때문이다(Graham and Marvin 1996 : 153).

사례 연구 A

스코틀랜드 콜센터 공간적 특성

콜센터(대부분의 센터는 전화를 통해 소비자 업무를 처리한다)는 많은 지역에서 서비스 부문의 떠오르는 요소이다. 예를 들어 1990년대 말 동안 영국에서 주변 지역으로 단순 업무를 처리하는 백오피스 서비스 기능의 분산이 이루어졌는데, 이는 분산화된 대표적 기능들 중 하나였다. 이후 이러한 분산화는 인도나 남아프리카 같은 국가로 콜센터의 이전이 증가함으로써 국제적인 현상이 되었다. 몇몇 보고서들은 콜센터의 발달로 인한 지역 경제의 활성화는 상당히 단기적일 것으로 예견하고 있다. 해외 지역의 비용 절감이 증가하고 있기 때문이다. 스코틀랜드의 사례는 실제 이것보다는 훨씬 더 복잡하다.

2002년 스코틀랜드에는 290개의 콜센터가 있으며, 이 중 1/3은 금융 서비스업이다. 약 56,000명이 고용되어 있으며, 이는 스코틀랜드 전체 고용의 2.3%에 해당한다. 센터 대부분은 글래스고(Glasgow, 및 그 배후지)와 에든버러(Edinburgh)에 입지해 있으며, 그리녹(Greenock)과 던디(Dundee) 같은 도시에도 다소 집중해 있다. 이 중 40%는 스코틀랜드 기업이 소유하고 있다. 스코틀랜드 콜센터를 설치하기 위한 기업의 결정은 적절한 노동의 이용 가능성, 정부 기관의 재정적 도움, 많은 기업이 스코틀랜드 출신이라는 것에 기초하고 있다.

몇몇 기업들이 특정 콜센터 운영을 대부분 인도 같은 해외로 재배치하기 시작했으나 이것이 스코틀랜드 콜센터 산업의 종말을 알리는 것은 아니다. 좀 더 복잡한 업무, 기술적 보완 업무가 일부 이전하기 시작하고 있으나, 지금까지 해외로 재배치된 고용의 형태는 틀에 박힌, 반복적 기능들이다. 이들 재배치되는 고용의 주요 목적지는 델리, 뭄바이, 방갈로르의 대도시였다. 콜센터 고용은 다양한 이유로 이들 지역으로 재배치되고 있다. 비용 절감, 숙련 노동자의 이용 가능성, 운용적 유연성의 확대, 소비자 접촉 시간의 확대 등이 그 이유이다. 그러나 기업들은 재배치에 따른 언어적·문화적 차이, 거리가 멀어짐에 따른 운영상의 어려움, 열악한 소비자 만족도, 높은 창업 비용의 문제점에 직면하였다.

재배치의 경향에도 불구하고 기업들은 직접적인 스코틀랜드와 인도 간의 입지 트레이드오프(trade-off)를 예상하지는 않는다. 오히려 기업들은 좀 더 넓은 전략적 틀 내에서 의사 결정을 한다. 의사 결정에 영향을 미치는 요인들은 해외 센터들의 효율성과 성과, 국가 경제와 세계 경제의 상황, 기업과 그들의 출신지 간의 유대를 포함한다. 이들 요소 간의 상호 관련성과 고용 손실과 재배치 측면에서의 결과는 예측하기 어렵다.

스코틀랜드 콜센터의 고용 기회는 인도와 해외 지역에 계속해서 빼앗길 것이지만, 기존 산업에 대한 위협의 양과 규모를 가늠하기는 어렵다. 그러나 스코틀랜드를 떠나 해외 지역으로 이전되는 고용의 형태는 합병과 경영 합리화가 이루어지는 대규모 금융 서비스의 일상적이고 반복적인 기능일 것으로 예상된다.

출처 : Taylor and Bain(2003)

도시의 새로운 경제지리적 특성

이 절에서는 도시 경제가 새로운 또는 성장하는 부문들로 재구성되는 방식들을 파악한다. 그리고 다양한 형태의 도시들과 도시 내부의 지리적 특성에 대한 의미를 고려한다.

도시와 기업 본사

대개 기업 본사의 입지는 도시에 편중되어 있다. 도시 주변 또는 소도시로 이전한 국내 기업과 소규모 다국적 기업을 제외한 기업 본사의 입지 변화는 국가 경제의 지리적 특성 변화를 반영한다. 제조업 위주의 도시나 지역은 본사 중심지로서는 쇠퇴하는 경향을 보인다. 이러한 현상은 미국에서 본사 기능을 상실한 중서부 도시들에서 확연히 볼 수 있다. 유럽과 북미에서 기업 본사의 위치가 제조업 위주 도시에서 서비스 경제와 관련된 도시로 이전하고 있는 것을 일반적으로 볼 수 있다(Knox and Agnew 1994 : 251).

대규모 다국적 기업의 본사들은 대도시에 집중하는 경향을 보이며, '세계 도시(world cities 또는 global cities)'에 불균형적으로 집중하고 있다. 런던, 도쿄, 뉴욕은 몇 안 되는 도시지만 최고의 이점과 엄청난 영향력을 가진 도시들이다. 표 4.2는 이들 도시에 있는 기업 본사의 공간 집중도를 보여준다(Sassen 1991; 1994; Knox 1995).

대도시 지역의 기업 본사 집중은 지역적 · 국가적 · 국제적 시장과 고도로 숙련된 노동력, 정교하고 전문적인 서비스에 접근하기 위한 그들의 필

표 4.2 글로벌 도시와 기업 본사

도시	Fortune 선정 500대 글로벌 서비스 기업[a] 본사	Fortune 선정 500대 글로벌 기업[b] 본사
암스테르담	4	1
애틀랜타	5	3
시카고	7	10
프랑크푸르트	8	3
런던	28	35
로스앤젤레스	7	10
뉴욕	25	12
오사카	20	21
파리	28	23
시드니	4	5
도쿄	86	83
워싱턴 D.C.	6	5

출처 : Johnston *et al.*(1995 : 238)
주 : a 금융, 보험, 소매, 운송 및 유통 서비스업
　　b 모든 산업체

요성을 반영한다. 매우 큰 규모이고 적절히 연결된 도시들만이 이러한 요구 조건을 만족시키고 있다. 이들 도시에 있는 기업 본사들은 새롭고 역동적인 경제의 중심이 되며, 생산자 서비스를 기반으로 한 이들 도시들은 광범위한 경제력과 중심 지역으로서의 모습을 갖추어 간다(Sassen 1991; 1994).

생산자 서비스 경제

생산자 서비스는 기업에 법률, 금융, 광고, 컨설팅, 회계 등을 제공한다. 이 서비스는 다양한 전문적 투입 요소를 요구하며 변화하는 시장 조건에 신속히 대처하려는 기업에게 있어 점점 중요한 역할을 하게 되었다. 생산자 서비스는 국제적 연계에 있어 중요한 역할을 하는 북미와 유럽의 대도시 경제, 국가 경제에서 급속히 성장하는 부문이 되었다(Thrift 1987; Sassen

1991; 1994; Hamnett 1995; Knox 1995).

생산자 서비스는 세계 주요 금융 센터의 중심 지역에 압도적으로 집중한다. 또한 생산자 서비스는 고도로 혁신적인 환경 및 다른 산업이나 전문가와 광범위하고 즉각적인 연계를 꾀할 수 있는 도시들에 집중한다. 이들 지역의 물리적·통신상의 하부 구조뿐만 아니라 유흥업소, 식당, 헬스클럽 등의 사회적 환경 또한 사업상으로 강력하게 유인할 수 있는 사회 네트워크 형성에 특히 중요하다. 이러한 사회 환경은 정교한 텔레커뮤니케이션의 연계로 이루어진 관련 활동들의 긴밀한 집적지이기 때문에 가능한 것이며, 그 외부에서 재생산되는 것은 불가능하다(Sassen 1994; Graham and Marvin 1996).

생산자 서비스의 주요 소비자는 다국적 기업의 본사들이다. 이들 기업의 확대와 복잡성의 증가로 효율적인 중앙 중심의 운영이 촉진되었고, 통제와 명령 체제는 보다 더 중요해졌다. 이에 대한 효율적인 방안은 매우 정교한 생산자 서비스를 광범위하게 사용하는 것이었다. 생산자 서비스는 세계 각지에 흩어져 있는 기업들을 하나로 연결하여 세계 경제로 묶어 주는 핵심적 부문이 되었다. 세계 도시에 기업 본사가 집중하는 이유는 공간적으로 주변을 둘러싸고 있는 풍부한 시장을 제공받을 수 있기 때문이다.

생산자 서비스가 도시 경제에서 차지하는 영향력은 대단하다. 과잉 이윤을 창출할 수 있는 능력 때문에 금융, 투자 서비스와 함께 생산자 서비스는 도시 경제에서 특권을 누리는 위치를 차지한다. 과잉 이윤은 투자되는 시간과 돈에 비해 불균형적으로 더 높은 이윤이 창출될 때 발생한다. 이러한 이유로 생산자 서비스는 대도시 중심에서 토지, 자원, 투자 등에 대해 경쟁력을 가질 수 있다. 다른 분야는 도시 중심부의 공간과 경제의 압박으로 인해 내쫓기면서 평가절하되고 한계에 도달하게 된다. 생산자 서비스 부문이 제공하는 경제적 기회는 소수의 고급 전문가에게 주어지기 때문에 중요한 사회적 영향을 갖는다. 이 분야에서 남아 있는 직업은 세탁소, 비서직과 같은 저임금, 저숙련 직업이다. 이러한 기회의 양극화는 수많은 이너시티 주거지의 불리한 환경을 개선시키지 못했다. 생산자 서비스 종사자를 위한 부티크와 식당 같은 것으로 이너시티가 대체되면서 심지어 부정적인 영향까지 미칠 수 있다(Sassen 1994 : 54).

연구 · 개발 기능

기업 연구소와 개발 기능의 입지는 두 가지 요구 사항에 의해 결정된다. 하나는 고급 인력과의 접근성이고, 다른 하나는 기업 본사 또는 생산 부서와의 인접성이다. 고급 인력과의 접근성은 연구 · 개발이 안정적이지 못한 경제 환경 속에서 기업 운영과 발전에 보다 중추적인 역할을 하게 되면서 유인력이 커지는 경향을 보이고 있다(Malecki 1991; Knox and Agnew 1994 : 251~252). 이들 요구 사항은 다음의 세 가지 입지 중 하나를 만족하는 편이다. ① 기업 본사가 있는 대도시, ② 대학 또는 다른 연구 기관의 인근 — 특히 양질의 인력을 끌어당길 수 있는 지역, ③ 공장 지역. 마지막의 경우는 연구 · 개발 및 생산 활동을 가까이서 통합하려는 산업의 필요성에 의한 것이다. 생산 기능이 이심화됨으로써 관련 연구 · 개발 기능도 이심화되는 경우를 확인할 수 있다(Knox and Agnew 1994 : 252). 이러한 현상이 광범위하게 진행된다면 분공장(分工場, branch-plant)과 지역 경제 간의 연계 범위와 형태를 확대시킨 분공장 산업화에 대한 지리학은 다시 쓰여야 될 것이다

(*The Economist* 1995). 그런데 이러한 이심화는 매우 선택적이다. 주변부의 분공장은 열악한 교육과 연구 활동의 기반 시설 결핍으로 형편이 좋지 못한 단순한 생산 단위로서 유지되고 있다.

연구와 개발 기능의 입지는 도시와 지역 발전에 매우 중요하다. 연구·개발 지구는 생산 개선과 새로운 것이 개발될 수 있는 혁신적인 지역에 자리한다. 이 지역은 새로운 형태의 경제 성장이 될 수 있는 잠재적 묘상(seed-beds)이 된다(Healey and Ilbery 1990 : 111~112). 이러한 사실은 과학기술단지와 대학 그리고 사업체의 연계를 통해 혁신적인 환경을 구축하려는 지방 정부에 의해 인식 되고 있다. 대부분의 지방 정부가 직면한 문제들을 보면, 연구·개발 시설이 분공장 없이는 확대될 것 같지 않다는 사실을 시사하고 있다. 앞으로 기존의 중심지들은 이미 보유하고 있는 이점들을 강화할 것으로 보인다.

신산업 공간

수많은 경제 활동들이 컴퓨터 하드웨어와 소프트웨어, 텔레커뮤니케이션, 가상현실 구현, 생명공학과 같은 새로운 기술을 기반으로 출현하고 있다. 이러한 활동들의 특성, 조직, 시장은 전 시대 사람들이 생각하던 새로운 산업과는 전혀 다르다. 새로운 산업의 입지는 우리가 이전에 언급해 온 '신산업 공간' 산업 입지 형태와는 전혀 다르다(Knox and Agnew 1994 : 252~253; Graham and Marvin 1996 : 158~159).

새로운 산업들은 다음과 같은 세 가지 입지 조건에 의해 입지가 결정된다. ① 양질이며 기능적으로 유연한 노동력에의 접근성, ② 꾸준한 혁신과 기업 간 연계 및 산업 협력을 용이하게 하는 환경과 좋은 기반 시설, ③ 기업들 및 국내·국제 시장과 연결되는 본사와 대학 그리고 다른 연구 기관 간의 텔레커뮤니케이션 연계(Graham and Marvin 1996 : 158~159). 이러한 산업은 장소의 본질적 특성보다는 사회적 특성에 의해 유인되는 경향이 짙다.

문제 지역이라고 할 수 있는 구산업도시들에 대한 재산업화는 전혀 기대할 수 없는 것으로, 신산업의 입지적·경제적 특성은 어디까지나 가능성일 뿐만 아니라 문제의 전조인 것이다. 신산업 공간은 구산업 공간과는 전혀 다른 입지 형태를 보인다. 이러한 개발로부터 생성되는 경제 재생은 탈산업화의 고통을 겪고 있는 지역에게는 이득이 전혀 없을 것 같다. 산업·경제지리적으로 이러한 경향이 시사하는 바는 산업화와 유사한 경제적 메커니즘이 이너시티로 되돌아올 가능성이 없다는 것이다.

다른 새로운 도시 경제 부문과 마찬가지로 신산업 역시 소수의 고소득 전문가와 대량의 저소득 노동자를 요구하는 양극화된 소득 분포에 의해 지배되는 것으로 보인다. 도시 지역의 산업 부문 부재에 의해 불이익을 받는 사람에게는 기회가 없다. 즉 이러한 발전 흐름에 의해 확대된 기회가 불이익 집단에게는 제한되는 것 같다. 과거의 '신분 사다리(career-ladder)' 메커니즘은 성공에 대한 길을 제시해 준 반면, 이들 신산업 부문에서는 저소득 부문과 고소득 부문이 전혀 연계되어 있지 않다(Markusen 1983; Knox and Agnew 1994 : 253). 신산업이 갖는 작업 특성은 매우 유연하다는 점이다. 그리고 시간제, 단기 또는 임시적인 것이 주가 된다. 신산업이 불이익 집단의 사회경제적 복지에 미치는 영향은 미미하거나 심지어 부정적이다.

결국 신산업들이 지역과 어느 정도 긍정적인 경제 연계를 하는 것이 가능한지에 의심이 간다. 이들 산업들은 지역 경제보다 기업 내 그리고 국내

외 경제와 보다 더 많은 연계를 가진다(Turok 1993).

문화 산업

도시와 중앙 정부의 핵심 정책 중의 하나는 쇠퇴하는 이너시티 지역으로 새로운 산업을 유인하는 것이다. 그런 지역의 재생에 특히 활발했던 부문은 문화·창조 산업이었다(O'Connor and Wynne 1996). 패션, 미디어, 영화, 비디오 프로덕션, 디자인, 창조적 기술 기반 활동, 음악 같은 산업들이다. 이들 산업은 침체한 이너시티 지역을 경제적·문화적으로 재생할 뿐만 아니라 뉴미디어, 인터넷, 음악 같은 창조적 예술에 기반한 지역 공동체 지향 재생 프로젝트를 결합하는 잠재력을 가졌다. 이러한 산업의 발달에 공헌하는 문화의 전당이나 장소는 유럽과 미국 도시의 공통적인 현상이 되었다.

도시에서 문화 산업 부문의 발달을 일반화하는 것은 여러 가지 다양성 때문에 어렵다. 예를 들어 일부 공간은 예술가나 소규모 뉴미디어 회사들이 넓은 빈 건물과 낮은 임대료의 이점이 있는 버려진 산업 지구로 이동해 오면서 생겨난 결과이다. 이것은 뉴욕과 샌프란시스코의 이전 산업 지구에서 다수의 인터넷 회사를 포함하는 부문의 발달에서 볼 수 있다. 그 외 다른 경우에 문화적 공간의 발달은 지방, 지역 혹은 중앙 정부에 의해 운영되고 창안된 도시 재생 프로그램의 측면을 주의 깊게 다루어야 한다.

사례 연구 B

커스터드 공장에서 문화 공장으로

쇠락한 버밍엄 이너시티의 문화 지향 재생의 혁신적 예는 도시 중심부 외곽 딕베스(digbeth)에 있는 19세기 버드 커스터드 공장에서 찾을 수 있다. 딕베스는 역동적인 경제적 활동의 부족과 유통 및 교통 기반 산업의 열악으로 침체되어 있었다. 버드 커스터드 공장은 1967년 폐쇄될 때까지 12,000명을 고용하였다. 공장 부지는 1995년 도시재생컨소시움이 도시에 미디어와 문화 산업의 성장을 권장하도록 시의회에 요청할 때까지 비어 있었다.

컨소시움은 버드 커스터드 공장을 150개 이상의 스튜디오, 바, 식당, 소규모 산업 단지로 구성된 복합체로 개조하였다. 이곳으로 이주해 온 소규모 사업체를 조사한 결과, 예술적이고 창조적인 환경이 유지되고 있음을 확인하였다. 이곳에 입지한 사업체는 아티스트, 패션 디자이너, 사진가, 모델, 가구 디자이너, 녹음 스튜디오, 음악가, 출판 및 방송가 등을 포함한다. 개조의 목적은 경력자들의 창업 단계 사업과 다른 창조적인 산업과의 강한 시너지 효과로 이득을 얻고자 하는 사람들을 유인하는 것이었다(Montgomery 1999 : 32~35).

이곳은 자체가 성공적이었다. 개조는 19세기 공장의 전형적인 산업 구조물을 활용한 것으로, 성공적이었다. 스튜디오들이 빠르게 채워졌으며 많은 수요가 유지되었다. 커스터드 공장은 지금 유럽에서 가장 큰 단일 창조 복합체가 되었다(Fleming 1999 : 15). 개발은 이전에 매우 칙칙했던 이너시티에 생기 있는 활발함을 가져왔다. 개발은 학생들과 풍부한 도시 거주자들이 바와 클럽을 이용하도록 유도하면서 주변 지역에 분사(spin-off) 이득을 만들기 시작했다.

(Fleming 1999 : 16)

도시와 텔레커뮤니케이션

세계 경제는 점점 상호 의존적이 되어 가고 있다. 개별적인 장소의 의미는 더 이상 존재하지 않고, 다른 도시와의 상호 관계 그리고 더 넓은 지역과의 연관성이 증가하고 있다. 세계 경제의 상호 의존성 증가는 다음과 같은 과정들의 결과라 할 수 있다. 세계 경제 흐름의 주역으로서 다국적 기업의 등장, 세계 도시에 국제적 통제 중심의 집중, 국가 금융 시장의 규제 완화와 텔레커뮤니케이션의 이점에 의한 공간들 간의 '밀착', 세계 경제 속의 도시들 간의 '흐름의 공간' 창출 등이다.

이러한 과정들로 인한 뚜렷한 효과는 특정 공간들이 보다 더 밀접해졌다는 것이다. 이것이 의미하는 것은 이 공간들의 지리적 입지가 변했다는 것이 아니라 상호작용이 보다 즉각적으로 되었고 '실제적(real)'이라는 것이다(Hamnett 1995; Knox 1995; Leyshon 1995). 통신(전화, 팩스, 전자우편, 컴퓨터네트워크, 인터넷, 가상현실 등)의 발전은 거리가 멀리 떨어져 있다 하더라도 시간 지연을 줄이고 소거시키며, 거래의 정교함을 증대시킨다. 그런데 이러한 '전자 경제(electronic economy)'는 고도의 기술이 한곳에 집중되어 있으며, 다른 도시들과 긴밀히 연결되어 있는 극소수의 주요 도시들에 자리하고 있다. 다시 말해서 런던, 뉴욕, 도쿄, 파리와 같은 세계 도시가 지배하고 있다는 것이다. 한 종주 도시를 기준으로 하위 도시 체계로 갈수록 세계 경제의 연결성이 저하되듯이 통신 기술의 집중도도 저하된다. 이러한 패턴은 고도의 수위성을 보인다. 표 4.3에서 보는 바와 같이, 각국의 대도시들에서 국제적 통신 기반 시설이 불균등하게 분포함을 알 수 있다(Sassen 1991; 1994; Knox 1995).

국제적 전자 통신 기반 시설로 인해 소수의 장소들은 연결되는 반면, 이러한 기반 시설이 집중되지 않은 대다수 공간들은 그렇지 못하다. 개발도상국과 후진국 그리고 농촌 지역은 세계 도시들과의 연계에 매우 제한되어 있다고 볼 수 있다(Sassen 1994; Leyshon 1995). '정보 풍부(information-rich)'의 세계 도시들은 확고한 초국가적인 도시 체계 패턴을 형성하는 반면, 그 주변은 열악한 '정보 부족(information-poor)' 지역으로 남게 된다. 이는 초국가적인 도시의 네트워크 연계는 강화되는 반면, 세계 도시들과 주변 지역 그리고 단일국가 내의 도시 체계 간의 연계는 약화됨을 말해 준다(Sassen 1994). 이러한 현상이 명백한 패턴이긴 하지만 세계 도시들 간의 연계가 각 국가의 국내 도시 및 지역과의 연계보다 더 잘 되어 있다고 말하는 것은 시기상조라고 본다. 오히려 세계 도시들과 주변 지역과의 초국적인 연계는 자금, 정보, 힘 및 사람들의 흐름에 의해 보완될 수 있으며, 어떤 경우에는 대체되기도 한다(Hamnett 1995; Knox 1995). 따라서 이들 주변 지역이 세계 도시에 의해 침해를 받을지의 여부는 더 지켜볼 여지가 있다.

국제적 전자 통신 경제의 지리적 특성은 공간적, 도시적, 부문적, 사회적, 성별적 분화로 나타난다. 이런 경제는 북미, 유럽, 일본과 밀접한 관계가 있다. 개발도상국과 후진국의 도시들 간의 연계 범위는 매우 제한적이다. 각국 수도 간의 연계가 형성되지만, 확대되는 것은 매우 제한적이고

표 4.3 텔레커뮤니케이션 투자와 이용의 도시 우위성

도시	1994년	
	인구점유비(%)	국제 커뮤니케이션 기반 시설 점유비(%)
뉴욕	6	35[a]
런던	16	30[b]
파리	18	80[c]
도쿄	10	37[d]

출처 : Financial Times(1994), Graham and Marvin (1996 : 133)에서 인용

주 : a 미국 외부로 거는 전화 중 뉴욕의 비중
　　b 영국 이동전화 통신 중 런던에서 이루어진 비중
　　c 프랑스 텔레콤 소비 비중
　　d 일본 텔렉스 사용 중 도쿄의 비중

세계 경제에 종속된다. 북미와 유럽, 일본에서의 경제는 서비스 경제가 주도하는 도시에 위치하게 된다. 기존의 오래된 산업도시들은 연계가 부족하고 흐름의 중심 또는 기획가라기보다는 흐름의 수용자 또는 주변부라고 할 수 있다. 이런 지역에서 발전된 텔레커뮤니케이션으로 접근하는 것은 사회적으로 매우 제한적이다. 이것은 우선 소수의 전문직·관리직과 관계하게 된다. 결론적으로 국민 대부분은 대규모 정보 극빈층을 형성하게 된다. 이러한 사회적 측면을 '전자적 게토(electronic ghetto)'라고 하는데, 이는 열악한 정보 환경을 일컫는 것으로 이너시티에서 확연히 볼 수 있다. 마지막으로 세계 정보 경제와 관련된 직업 대부분은 남성이 차지하게 된다. 결과적으로 남성 위주의 공간인 셈이다.

토론 주제

과거와 현재 경제 활동 흐름의 공간적 특성 간에는 어떠한 연관이 있는가? 경제 활동의 최근 흐름이 도시의 새로운 경제지리적 특성을 창출할 것으로 생각하는가? 여러분의 관점을 뒷받침해 줄 수 있는 예를 생각해 볼 수 있는가?

'도시 도넛(Urban doughnut)'

지리적으로 경제 공간은 경제 활황 공간과 경제 침체 공간으로 점차 양극화되어 나타나고 있다. 도시 중심부는 매우 혼합된 운명을 겪고 있다. 세계 도시의 극소수 중심부는 금융 및 생산자 서비스 부문의 과잉 이윤으로 인해 활황 및 빠른 성장을 하여 왔다. 기존의 제조업 도시들의 중심지는 컨벤션센터, 사무 업무, 호텔, 레저 시설 등의 개발에 대량 투자함으로써 물리적으로 변화되고 있다(Sassen 1994 : 43). 그런데 이러한 투자가 도시의 경제 재생을 위한 확실한 기반이 되건 안되건, 도시는 심화되는 도시 간 경쟁과 1980년대 후반 상업용 부동산 시장의 붕괴로 점점 위태로워져 갔다. 경제 활황 메커니즘을 추구하는 데 실패한 다른 중심 도시들은 각 도시의 상황에 따라 쇠퇴하게 되었다. 문화 · 역사적 도시들은 전통적으로 여행객과 방문객 경제로 활력을 유지하고 있다(Page 1995). 그러나 일반적으로 이너시티는 대부분 쇠퇴하고 있다. 리버풀(Liverpool)이나 글래스고와 같은 도시들은 주변 지역에 수많은 주택과 부동산 재건축을 통해 '이너시티'의 불리한 상황과 문제를 해결하고자 하였다. 미래의 성장 지역은 교외 또는 비도시 지역과 기존의 도시 지역을 넘어선 새로운 메트로폴리탄 지역, 예를 들어 캘리포니아의 로스앤젤레스 주변 지역에 나타나고 있다. 미래 도시 경제의 지리적 특성은 교통과 통신의 이점을 이용하여 점점 이심화되는 것과 이너시티 주변이 공식 경제(formal economy)와는 판이하게 변화할 것이라는 점이다. 이것이 '도시 도넛(urban doughnut)' 이다.

결론

이 장은 거시 경제의 변화와 도시화 간의 관계를 폭넓게 조망하였다. 그리고 도시에 관한 새로운 미시 경제의 지리적 특성에 대해 논의하였다. 도시지리학의 주요 쟁점 중 하나는 도시들이 경제 변화의 부정적 영향에 대

응하고 극복하고자 하는 방법을 찾는 것이다. 대응 방안은 다양하며, 각각
이 담고 있는 의미도 광범위하다. 앞으로 진행될 각 장에서는 도시의 경
관, 경제, 이미지 및 사회지리적 특성의 변화와 그 영향력에 대해 다룰 것
이다.

프로젝트 아이디어

여러분과 친숙한 도시에서 새로운 경제 분야를 찾을 수 있는가? 도시의
어느 지역에 이 분야가 입지해 있는가? 이전 경제 활동과는 다른 그 도시
의 경제지리학적 특성은 무엇인가? 이러한 질문에 대한 답을 찾기 위해
자료와 정보를 수집하고 지역 경제 개발 정책을 검토해 보라. 이전의 경제
활동과 관련 있는 사람들을 위한 도시의 이러한 새로운 경제지리학적 특성
의 함의는 무엇인가?

에세이 주제

- 많은 도시들이 탈산업화의 문제 유산을 어느 정도까지 여전히 대처하려
  고 하는가?
- '(많은 사람들은) 다음 산업혁명은 예술적 감성과 기술적 혁신의 결합에
  기반할 것으로 믿고 있다.' (Hall 1995) 어떤 방식으로 이러한 힘이 미래 도
  시의 경제지리학적 특성을 형성할 것인가?

주제별 읽을거리

▪ 고전적인 연구 주제에 관한 모음집은 다음과 같다.

Bridge, G. and Watson, S. (eds) (2002) The Blackwell City Reader, Oxford: Blackwell (Part II, 'Reading urban geographies').

▪ 글로벌 경제에 대한 전통적 탐색을 한 대표적인 문헌은 다음과 같다.

Dicken, P. (2003) *Global Shift: Reshaping the Global Economic Map in the 21st Century*, London: Sage(4th edn).

▪ 글로벌 도시의 사회지리학적 특성을 다룬 문헌은 다음과 같다.

Marcuse, P. and Van Kempen, R. (eds) (1999) *Global Cities: An International Comparative Perspective*, Oxford: Blackwell.

▪ 도시 경제의 다양한 측면에 대한 에세이 모음집은 다음과 같다.

Paddison, R. (eds) (2001) *The Handbook of Urban Studies*, London: Sage (Part IV, 'The City as Economy').

▪ 도시의 사회지리학에 대한 글로벌 경제의 효과를 설명한 문헌으로는 다음이 있다.

Sassen, S. (2000) *Cities in a World Economy*, Thousand Oaks, CA: Pine Forge Press.

웹 자료

National League of Cities - www.nlc.org

5

도시 정책과 재생

Urban policy and regeneration

5가지 주요 개념

- 도시 재생은 도시 쇠퇴의 부정적 결과를 개선하려는 의도이다.
- 도시 문제와 그 원인에 대한 해석이 도시 재생 프로그램을 형성한다.
- 도시 재생 프로그램을 수많은 역사적, 지리적, 그리고 정치적 맥락 내에서 규정하는 것은 중요하다.
- 도시 재생의 본질은 시간에 따라 뚜렷하게 변화하고 있다.
- 도시 지역의 재생은 '부분적'이었다.

서론

자본주의 도시를 규제하려는 아이디어는 19세기 후반에 출현하였다. 건강과 삶의 질과 관련하여 규제하지 않은 도시 성장의 비참한 결과는 유럽과 북미 전역의 대도시에서 정치인들과 개혁가들에게 확실하게 드러났다. 이러한 역사적, 지리적 맥락에서 공식적인 계획 체계가 출현하기 시작하였다. 만약 계획 체계를 장소 개발을 유도하는 규제틀이라고 본다면, 이것은 도시 쇠퇴의 부정적인 결과를 완화하기 위해 만든 일종의 개입 선행 장치로도 인식할 수 있다. 도시 재생이라 불리는 이러한 개입은 필요에 근거한 자원 재분배를 통해 취약한 공동체와 지역을 지원하거나 성장과 개발을 촉진하고 이를 통해 가장 취약한 상태에 있는 지역을 개선하려고 노력할 것이다. 이 장은 1970년대 이후 도시 정책과 재생 부문의 주요 흐름들을 개관하고, 도시 정책, 재생 계획, 개인 프로젝트로 연구할 수 있는 틀을 정립하는 데 그 목적이 있다.

도시 재생의 목적이 무엇인지 분명히 고찰하기 위해 잠시 숨을 돌리는 것은 중요하다. 매우 다양한 도시 재생 계획과 정책들이 전 세계에서 수립되고 있는데, 그들이 추구하는 것은 다음 4개 목표 중 하나 혹은 그 이상을 실현하는 것이다.

- 물리적 환경 개선(최근에는 환경상의 지속가능성 향상에 초점을 두고 있음)
- 특정 인구의 삶의 질 개선(생활 환경을 위한 물리적 개선이나 지역 문화 활동 또는 시설 개선을 통해)
- 특정 인구의 사회복지 개선(기본 사회복지 서비스 공급 개선을 통해)
- 특정 인구의 경제 전망 향상(일자리 창출을 통해서 또는 교육, 재훈련 프로그램을 통해)

사실 재생은 하나의 정책, 프로그램 또는 프로젝트에서 위의 목표 중 하나 이상을 추구한다. 많은 정책들은 일부 목표들 간에 인과적 연계가 있을 수 있다는 의심 속에서 추진되어 왔다. 예를 들어 경제 개발을 목표로 한 정책들이 때때로 지역의 삶의 질 향상을 유도할 것이라는 근거로 옹호되기도 하였다. 또한 재생의 목표는 시기별로 강조점이 달랐다. 예를 들어 환경적 지속가능성이 많은 도시 재생 어젠다에서 근본적으로 부상한 것은 1990년대 초반부터였다. 이 장에서는 도시 재생의 목적이 주로 생활 여건에 대한 우려로부터 경제적·사회적·환경적 목표로까지 확대되어 온 것에 대해 광범위하게 논의하려고 한다.

도시 정책과 재생을 분석하는 틀

아래의 질문들은 특정 도시 재생 프로젝트 또는 도시 재생의 일부인 보다 일반적인 정책이나 프로그램 분석을 유도하는 틀을 제공한다. 모든 질문들이 반드시 적합한 것은 아니며, 연구 주제와 검토한 사례에 따라 다르다. 그러나 이 질문들은 도시 정책과 재생에 대해 논의할 때 고려해야 할 핵심 주제와 쟁점을 강조하며, 다음 장에서 이어질 논의의 틀로 작용한다.

12개 핵심 질문들

1. 도시 문제

   – 확인된 도시 문제(들)는 무엇인가?

   – 문제(들)의 원인으로 확인된 것은 무엇인가?

2. 정책 맥락

   – 정책/프로그램/프로젝트의 본질은 무엇인가?

- 이전 접근 방법들, 다른 장소에서 집행된 적이 있는 것들과 정책의 관계는 무엇인가?

3. 자금

- 정책/프로그램/프로젝트를 위한 자금은 어디에서 나오는가?

- 어떤 방식으로 자금을 할당할 것인가?

4. 재생의 본질

- 정책/프로그램/프로젝트의 목표는 어떻게 달성할 것인가?

- 정책의 결과는 무엇인가?

5. 이해관계자들

- 관련된 이해관계자들은 누구인가?

- 이해관계자들 간의 관계는 어떠한가?

6. 재생의 영향

- 정책의 영향은 무엇인가?

- 정책을 어떤 방법들로 평가할 것인가?

도시 문제들

도시 재생 정책들은 도시 문제를 해결하기 위해 만들어졌다. 그런데 이 도시 문제는 정책 입안자에게 저절로 드러나는 것이 아니라, 다양한 방식들로 규정되고 있다. 도시 문제를 규정하는 것은 도시 재생과 정책을 합법화하는 데 중요한 역할을 한다. 이것은 도시 문제들이 수사적으로 존재할 뿐만 아니라 실재한다는 것을 인정하는 것이며, 그 표현은 도시 재생 담론에서 결정적 역할을 한다.

일반적으로 도시 문제는 다면적이다. 도시 재생도 오래전부터 그렇게 인식되고 있으나, 특정 문제 혹은 도시에 영향을 미치는 많은 문제들의 근본적인 원인을 한 차원에 한정하는 경향이 있다. 도시 문제는 환경 문제(버려진 토지, 과도한 산업 자본, 부적절한 주택 재고, 공해와 오염된 땅), 사회·문화적 문제(커뮤니티 내 사회적 융합의 결여, 범죄, 반사회적 행위, 열악한 학교와 다른 공공 시설들), 경제 문제(장기적·구조적 실업, 내재적 경제 동력의 부족)의 다양한 조합을 포함하고 있다. 이처럼 다면적인 도시 문제는 많은 도시들의 오랜 특징인 데 비해 도시 정책의 핵심은 시간에 따라 바뀌었다.

모든 도시 재생 프로그램은 해결하려고 하는 문제 원인들의 일부 조합을 포함하고 있다. 재생을 형성하는 것이 바로 이러한 인과관계의 조합이다. 간단히 말하면, 도시 재생은 정책 결정자 또는 실천가들이 관찰하고 문제의 원인이라 생각하거나 믿고자 하는 것을 강조하도록 설계된다. 그러나 도시지리학을 연구하는 일부 학자들의 견해처럼, 이들 문제의 원인들은 논란의 소지가 있다. 도시의 생활 여건을 개선하기 위한 최초의 조직적인 개입은 빅토리아 시대까지 거슬러 올라갈 수 있으나, 지금 우리가 도시 재생으로 인정하는 것은 1960년대에 출현하였다. 이 시기부터 필요에 근거하여 자원을 공간적으로 할당하는 방식으로 다차원적 박탈을 해결하려 하였다. 일반적으로 도시 문제는 사회병리학적 접근의 주장처럼 그곳에 사는 사람들의 결점에서 기인한다고 단정한다(Cochrane 2000 : 535).

이후의 설명들은 문제 지역 주변에 선을 긋고 그 지역 내부에서 문제의 원인을 찾을 수 있다는 주장에 대하여 의문을 제기한다. 1970년대 이너시티 문제에 대한 좀 더 구조적인 해석들이 출현하였는데, 그것은 내부 도시의 문제가 경제 구조조정의 결과에서 비롯되었다고 파악한 것이었다. 이러한 해석들은 사회과학 분야에서의 구조주의와 마르크스주의의 영향력으로 1970년대 학계에서 기반을 확보하였다. 거의 비슷한 시기에 정책 부문에서 구조주의 학설의 재해석이 출현하였다. 노동이 본래 자본주의적 관계에서 불평등하다는 마르크스주의와는 상관없이, 정치인들은 산업 자본의 재구조화가 여러 도시 문제의 근원이라고 인식하기 시작하였다. 1977년 영국의 이너시티에 대한 백서와 이후 1979년 선출된 마거릿 대처 보수당 정부는 도심 문제가 지역 내 경제적 역동성의 부족에서 비롯된다고 파악하였다. 쇠퇴하는 도시 지역을 회복시키기 위해 민간 부문을 도시로 유도하려는 많은 정책들이 1980년대 동안 만들어졌다. 도시개발공사와 엔터프라이즈 존(Enterprise Zone)은 영국에서 가장 대중적 관심이 높은 두 가지 정책이었다. 이것은 미국 도시 정책에서 이른바 민영화로 불리는 변화와 함께 진행되었다.

1990년대, 도시 문제에 대한 구조주의의 초기의 설명은 후기산업화와 세계화된 세계 경제 내 경쟁에서 나타난 지역성의 실패로 파악하였다 (Oatley 1998). 이에 따라 1990년대 초에는 세계적 무대에서 지역성을 부각시키려는 여러 정책과 사업들이 경쟁적으로 실시되었다. 시티 프라이드 (City Pride, 1995년 영국에서 시작됨) 및 장소 마케팅과 관련된 계획들이 이 시기 대표적인 핵심 도시 정책이었다.

영국에서 토니 블레어의 신노동당 정부가 출범한 1997년 이후, 도시 문제는 대개 사회적 배제, 즉 특정 지역(예를 들어 이너시티 지역과 주변 주택 단지)과 사회의 다른 지역 간의 사회적·경제적 관계의 부족으로 특징지어졌다. 이에 따라 1997년 이래 도시 정책은 '브링 브리튼 투게더(Bring

Britain Together)'(1998년 사회적 배제 팀에서 출판한 근린 재생을 위한 국가 전략의 제목)를 목표로 하였다. 그런데 커뮤니티 재생으로의 전환은 이전의 경제 주도적 정책의 실패를 인정하였다는 점에서는 크게 환영받았으나, 이후 도시 정책에서 드러난 도시 문제의 원인에 대한 인식은 비판의 대상이 되었다. 블레어 정부는 도시 문제의 원인을 학교 운영 미숙이나 다른 기관과의 협력 실패와 같은 운영상의 실패로 파악하는 경향이 있었다. 이러한 인식은 도시 문제가 자원과 기회의 불균등한 분포에서 기인한다는 보다 근본적인 해석을 기피한다(Imrie and Raco 2003 : 30). 결과적으로 블레어 정부는 부의 분배에 있어 불균형을 강조하여 해결하기보다 운영상의 실패를 강조하여 대체로 정책을 통해 도시 문제를 완화하고자 하였다. 전자는 현대 주요 정당과 정책 결정자들이 취하기에는 너무 급진적인 것으로 여겨진다. 다이아몬드(Diamond)는 부의 분배에 대한 논의가 운영상의 문제에 대한 집착으로 인해 재생의 주변부로 밀려나 버렸다고 언급한다(2001 : 277; in Imrie and Raco 2003 : 30). 일부 비판론자들은 도시 문제의 원인으로서 부의 분배 문제를 관련짓지 못한 정책 결정자들의 이 같은 실패가 사회적 배제에 대한 이해의 취약함으로 나타난다고 주장하고 있다(Byrne 2001).

정책 맥락(Policy contexts)

도시 재생은 진공 상태에서 출현하지 않는다. 정확히 말하면 수많은 맥락들을 반영하고 있다. 도시 재생은 분명히 이전 혹은 다른 장소에서 유효한 계획의 영향을 받고 있다. 도시 재생을 분석하는 방법이 바로 정책이나 계획을 역사적으로(시간에 따른 정책 발전의 지속적인 과정의 일부로서), 지리적으로(정책들과 실천들을 다른 지역에서 추적하는 것), 이데올로기적으로(지배적인 정치 이데올로기의 반영으로서) 고려하는 것이다. 이러한 맥락들의 영향은 1970년대 이후 영국의 도시 재생 사례에서 분명하게 나타난다. 한편 이러한 맥락들은 상대적 중요도에 따라 도시 재생을 시기별로 구분하기도 하는데, 이 경우 그 연속성을 간과하는 경향이 있다. 그러나 도시 재생의 시기 구분은 교육적 장치로서 몇 가지 장점이 있다(표 5.1 참조).

1970년대 영국의 도시 재생은 주로 구도시 지역, 즉 전형적으로 이 시기 문제 지역으로 여겨지던 이너시티 내의 물리적 재개발에 집중되었다. 그런데 1970년대 후반 수많은 다른 쟁점들이 더해졌고, 이것은 도시 재생을 다양한 긴급 사항들에 대응하도록 유도하였다. 1970년대 후반은 많은 구도시 지역, 즉 유럽과 미국의 산업화를 주도한 주요 도시를 황폐화 시킨 대규모 탈산업화(4장 참조)의 시대였다. 러스트벨트(rust-belt)는 바로 이 과정을 겪은 지역을 묘사하는 용어이다. 이들 도시는 도시의 많은 인구 집단을 위해 대안적 고용처를 발굴하거나 장기적·구조적 실업 문제에 신속하게 대처해야 했다. 동시에 영국과 미국에서는 새로운 정치 이데올로기가 중앙 정부에서 부상하기 시작하였다. '뉴 라이트'라 불리는 이 이데올로기는 2차 세계대전 이후 광범위하게 수용된 복지 및 재생과 같은 주요 서비스 공급에서 국가의 주도적 역할에 문제를 제기하였다.

뉴 라이트 이데올로기는 영국에서 1979년 마거릿 대처의 보수당 정부가, 미국에서는 1980년 로널드 레이건 공화당 정부가 선거에서 승리하면서 입지가 강화되었다. 이후 도시 재생의 강조점이 민간 부문에의 인센티

브 제공, 파트너십을 통한 경제 개발의 증진으로 전환되었다.

> 가장 중요한 점은 1980년대 이 기간 동안 중앙 정부가 정책 개입에 필요한 모
> 든 자원을 제공해야 하거나 또는 할 수 있다는 생각들이 사라졌다는 것이다.
> 이 새로운 정책 입장은 파트너십의 역할을 더 강조하게 만들었다. 1980년대
> 보다 상업적인 형태의 도시 재개발은 정치철학과 통제의 구조와 본질에서 여
> 전히 다른 일련의 변화들을 반영하였다.
>
> (Roberts 2000 : 16)

중앙 정부의 정책과 지방 정부의 실천을 통한 보다 상업적 목적의 도시 재생 강조는 관리주의에서 기업가주의로의 전환으로 특징지을 수 있다. 이 같은 설명은 두 기간 사이의 중요한 연속성을 무시하는 위험을 범할 수도 있지만, 1980년대 지방 정부가 도시 재생이라는 이름의 위험 부담과 성장 지향적 활동에 더 많은 관심을 갖게 만든 것은 사실이다(Hall and Hubbard 1996; 1998).

> 영국의 도시 정책은 1979년 뉴 라이트 정책에 의해 급격한 변화를 겪었다. 이
> 변화는 도시 관리주의에서 도시 기업가주의 또는 민영화로, 내지는 케인즈주
> 의에서 후기케인주의 정책으로의 전환 등 다양하게 묘사되었다.
>
> (Oatley 1984 : 4)

지방 정부의 기업가주의 수용은 한편으로 지역 내에서 대안적 형태의 경제 성장을 촉진해야 한다는 필요와 다른 한편으로 지방 정부는 자유로운 시장 작동의 방해물이라는 뉴 라이트의 관점에서 이루어진 중앙 정부의 지방 정부 예산 삭감을 보상해야 한다는 필요를 반영한 것이다. 이 기

간 영국에서는 지방 정부의 독립과 지역의 민주적 책임의 범위에 지대한 영향을 미치는 지방 정부의 재구조화가 폭넓게 이루어졌다. 그 결과 전통적으로 유럽의 어느 나라보다 영국에서 특히 중요하게 여겨지던 지방 정부의 독립과 지방 정부가 조정하는 범위가 줄어들게 되었다. 또한, 과거 지방 정부가 하던 많은 활동에 대한 통제와 공급이 중앙 정부 내지는 비선출 지방 기구에 의해 통제되거나 민영화되었다(Goodwin 1992; Ambrose 1994).

> 중앙 정부의 지방 정부 재구조화는 중앙에서 임명되고 총괄하는 기구의 출현에서 잘 나타나는데, 이들은 영국 도시들 거버넌스의 여러 측면을 책임지고 있다. 이는 도시의 새로운 미래를 의미하는데, 선출된 지방 정부로부터 핵심 권력의 제거, 공공과 언론을 구성원으로 한 위원회의 폐쇄, 회의록과 기록의 비공개, 지역 경제 개발에서 민간 부문 이익을 증진시키려는 성장의 정치를 추구한다.
>
> (Imrie *et al.*1995 : 32)

이 시기에 등장한 재생 모델은 과거 대규모 탈산업화를 겪었던 미국의 많은 도시들에서 추진되었던 개발에 근거하였다. 이러한 개발의 가장 대표적인 사례는 볼티모어로, 1950년대 이후 폐허가 된 내항(Inner-Harbour) 주변 지역을 스펙터클한 도시 재생 모델인 선도적 프로젝트(flagship project)를 활용하여 개발하였다(Bianchini *et al.* 1992 : 246). 영국의 도시 재생에서 미국 개발의 영향은 1980년대 내내 분명하게 나타났다. 당시 영국과 미국 간에는 확실히 도시 정책에 대한 아이디어 교류가 있었다(Hambleton 1995). 두 나라는 도시 정책에 대한 전반적인 철학뿐만 아니라 세세한 특징에서도 유사한 면이 있었으며, 무엇보다 민간 부문을 도시 문제를 완화하는 주요 주체로 간주하였다.

이후로는 1980년대로부터의 연속성과 변화를 모두 보여 주고 있다. 실제로 커뮤니티와 자발적 부문의 참여가 당연시되고 있지만, 민간 부문은 여전히 재생에서 중요한 파트너이다. 또한 지역의 세계적 경쟁력을 높이

표 5.1 도시 재생의 진화

기간	1950년대	1960년대	1970년대	1980년대	1990년대
정책 형태	재건(recon struction)	재활성화 (revitalisation)	재정비 (renewal)	재개발(redeve lopment)	재생 (regeneration)
주요 전략과 방향	재건축과 마스터 플랜에 근거한 도심 및 도시 구시가 지역 확장; 교외 성장	1950년대 주제 지속; 교외와 주변 성장; 일부 재건(rehabilitation) 조기 시도	제자리(in-situ)재 개발과 근린 체제에 초점; 여전히 주변 개발	다수의 주요 개발과 재개발 체제; 선단 프로젝트; 도시 외곽 프로젝트	종합적인 형태의 정책과 실천으로 변화; 통합적 처방에 더 중점
주요 주체와 이해관계자	중앙과 지방 정부; 민간 개발업자와 도급업자	공공과 민간 부문간 더 큰 균형으로 변화	민간 부문의 역할 성장과 지방 정부에서 분산	민간 부문과 특정 주체 강조: 파트너십 성장	주도적 접근 파트너십
활동의 공간 수준	지방과 입지 수준 강조	지역 수준	초기에는 지역과 지방 수준; 후기에는 지방을 더 강조	1980년대 초 입지에 중점; 후기에는 지방을 더 강조	전략적 관점의 재도입: 지역 활동의 성장
경제 핵심	일부 민간 부문과 함께 공공 부문 투자	1950년대부터 민간 투자의 영향력 성장	공공 부문의 자원 제약과 민간 투자의 성장	선별적 공공 자금과 함께 민간 부문 지배적	공공과 민간, 그리고 자원봉사 재원 간 균형
사회적 내용	주택과 삶의 수준 향상	사회적, 복지적 개선	커뮤니티 기반 활동과 더 큰 임파워먼트 (empowerment)	매우 선별적 국가 지원과 함께 커뮤니티 자조	커뮤니티 역할 강조
물리적 관점	이너 지역 대체와 주변 개발	기존 지역의 동반 재건과 함께 1950년대부터 일부 지속	구도시 지역의 광범위한 재개발	대체와 새로운 개발의 주요 체제; 선단 체제	1980년대보다 더 적절한 문화유산과 정체
환경적 접근	경관과 일부 녹화	선별적 개선	일부 혁신과 함께 환경 개선	환경에 대한 광범위한 접근을 위한 관심 성장	환경 지속가능성의 포괄적 아이디어 도입

출처 : Stohr(1989)와 Lichfield(1992) 이후 Roberts and Syjes(2000 : 14)

는 것이 여전히 도시 정책에서 최우선 과제이기는 하나, 이제 이런 강조는 확실히 경제 성장에 덜 집중하고 있다(Oatley 1998). 현재 재생은 사회적, 환경적 지속가능성을 포함한 광범위한 용어로 간주되고 있다.

이 논의에서는 도시 재생을 분리하지 않고 수많은 역사적, 지리적, 정치적 맥락 내에서 고려해야 하는 필요성을 강조하고 있다.

사례 연구 C

재생과 아테네 올림픽의 유산

문화, 스포츠 또는 이벤트와 같은 다양한 종류의 페스티벌들은 흔히 도시를 재생하는 수단으로서 사용되고 있다. 명성, 국제적 미디어 관심(exposure), 그리고 재생을 이룰 수 있는 가능성과 관련하여 가장 높이 평가되는 페스티벌은 올림픽이다. 1992년 바르셀로나 올림픽 성공 이후 이러한 이벤트들은 도시의 쇠퇴한 구역에 개입하거나 기반 시설을 개선하고, 경제 성장을 촉진하고, 외적으로 인식되는 장소의 이미지를 향상하는 데 사용되었다. 바르셀로나의 이미지가 확실히 쇠퇴하고 불결한 항구 도시에서 성공적인 후기산업도시로 변신한 데의 상당 부분은 1992년 올림픽의 영향에서 비롯되었다.

2004년 올림픽을 주관한 아테네도 1992년 올림픽을 개최했던 바르셀로나와 유사한 경제적·사회적 문제를 겪고 있는 도시이다. 바르셀로나와 같이 아테네 올림픽에서도 도시의 쇠퇴한 지역을 재생하려고 시도하였다. 예를 들어 재생을 주도할 수도 있다는 희망 속에 많은 올림픽 시설들이 쇠퇴한 지역에 입지하였다. 또한 이 목표를 달성하기 위해 소수의 상세한 계획들이 실제 시행되었다.

아테네 올림픽 폐막 후 6개월이 흘렀지만 이 재생이 도시 문제에 중요한 영향을 미치고 있다는 어떤 증거도 없다. 사실 올림픽 유산은 도시에 도움이 되기보다 문제가 되고 있다. 올림픽 무대에 80억 파운드 이상을 쏟아 부었음에도 불구하고 새로 건설된 스타디움은 올림픽 폐막식 이후 거의 비어 있는 상태이고, 올림픽 게임에 대한 투자가 공공 부채의 급등을 유도하고 있다. 예를 들어 비어 있는 시설을 유지하는 비용만해도 매년 5천만 파운드 이상에 달하고 있다. 그리스 정부는 수많은 국내 및 외국 투자가들이 시설 사용에 관심을 갖고 있다고 말하고 있으나, 구체적으로 확정된 것은 없다. 아테네 올림픽 자체의 성공에도 불구하고 이후 남겨진 빈 시설들은 흰 코끼리떼(the herd of white elephants)라는 별명을 얻고 있다.

출처 : Howden(2005 : 27)

자금

재생 자금은 지방 정부 기금, 자선 기금, 민간 부문 기금 그리고 유럽연합의 기금에서 일부 제공되고 있으나, 대부분은 중앙 정부에서 나오고 있다. 그런데 자금 제공자들은 두 가지 할당 모델 중 하나를 선택, 그에 따라 자신의 돈과 자원을 제공하고 있다. 1990년대까지 재생 자금은 지역의 사회적, 경제적 박탈에 따른 필요를 근거로 할당되었다. 그런데 1990년대 초반 영국과 다른 지역에서 자금 할당 방법이 경쟁 입찰 방식으로 바뀌었다. 경쟁 입찰 방식은 자금을 지역의 필요보다 쇠퇴 지역에서 활용될 경제적 기회를 기준으로 배분하였다. 이것은 중앙 정부가 재생 자금을 단순히 필요를 충족시키기보다 박탈된 지역의 혁신을 촉진하는 데 활용하려는 것을 반영하였다. 그러나 자금 할당을 위해 도입된 경쟁적 '챌린지 펀드 (Challenge Fund)'는 논란거리였다.

> 정부와 경쟁을 지지하는 사람들은 이 방법이 돈의 가치를 더 조장하고, 충격 효과를 내며 사람들을 더 혁신적이도록 자극하고, 재생 활동에 더 협력적이며 전략적인 접근을 권장한다고 주장하였다. 비판적인 사람들은 도전 모델이 재생 자원의 감소와 주요 지출, 그리고 희소 자원의 합리적 배분 방법을 가로막는다고 주장한다. 게다가 지역 내에서의 경쟁은 지역 간 경쟁 범위를 줄였으며, 새로운 거버넌스 체제는 지역의 민주적 책임을 약화하는 경향이 있다.
>
> (Oatley 1998 : 9)

1993년 11월 영국에서 시행된 단일 재생 예산(Single Regeneration Budget, SRB) 정책은 도전 모델을 적용하여 재생 자금을 할당한 첫 사업이었다. 그 결과, 자금 할당의 지리적 패턴이 이전의 재생 사업들과는 확연히 구분되었다. 이전에 재생 자금을 받았던 심각한 박탈을 겪고 있는 많은 지역들 중 상당수가 지원을 받는 데 실패하였다(Shinder 1995).

정책의 본질과 재생

도시 정책과 재생 계획은 지역의 여러 측면에 개입함으로써 그 목적을 달성할 수 있다. 여기에는 자연환경과 인공환경, 지역의 사회적 네트워크, 경제, 규제 체계(지역 계획 규제와 세금도 포함됨), 그리고 외적으로 인식된 이미지 등도 포함된다. 재생 계획은 이러한 측면들 중 하나 이상을 강조하는 것이 일반적이다. 도시 정책은 지역의 여러 측면에 개입하기 위해 시기별로 광범위한 변화를 시도하였다.

1970년대 후반까지 도시 정책은 인공환경, 특히 주택 문제에 지대한 관심을 갖고 기여하였다. 이는 기존 주택 재고를 개조하여 일정 기준 이상으로 끌어올리거나 새 주택을 공급하는 형태로 이루어 졌다. 후자의 예로는 시영 고층 주택의 공급을 들 수 있는데, 이것은 이너시티 지역 내지는 도심 주변의 오래된 주택 재고를 대체하거나 늘어나는 교외 인구를 위한 주택의 공급이었다. 그렇다고 이 기간 동안 오로지 인공환경의 개입에만 관심을 가졌던 것은 아니며 당시 재생의 주 관심사였다는 것이다.

1970년대 후반과 1980년대 초반, 도시 재생에서 강조하는 긴요한 사항이 늘어나면서 개입하고자 하는 지역의 측면들도 확대되었다. 도시 재생은 여전히 인공환경의 개입에 관심을 갖고 있었으나, 이전과는 매우 다른 방식이었다. 또한 도시 재생은 지역의 규제 체계, 외부적으로 인식된 이미지, 그리고 매우 제한된 방식이지만 자연환경 등에도 관심을 갖게 되었다. 1980년대 도시 재생의 주 목적은 민간 부문 투자와 이전을 유도하여 탈산업화된 지역의 경제적 역동성을 개선하는 것이었다. 이를 위해 다양한 정책들이 시도되었다. 이러한 정책에는 지역 계획 규제 완화와 특정 입지(예를 들어 1981년부터 시행된 영국의 엔터프라이즈 존 정책)에서의 지방세 부담 완화, 그리고 주요 사무 업무 개발과 컨벤션센터와 같은 공공 지원을 통한 선도적인 상업 개발과 탈산업화된 많은 지역들의 부정적 이미지를 고려하는 것(예를 들어 1980년대부터 1990년대 초반까지 영국의 도시개발공사 사례 등)들이 해당된다.

자연환경 요소들이 재생의 장애물인 곳, 예를 들어 많은 도시에서 과거 산업용 토지 사용으로 인해 공통적으로 안게 된 오염된 토지 문제는 개입의 대상이 되었다(Oatley 1993). 조경을 통한 환경의 심미적 개선 또한 당시 도시 재생 프로그램의 일반적인 구성 요소였다. 사실 영국에서 일 년에 두 차례씩 열리는 가든 페스티벌 프로그램은 도시 내 이용되지 않은 채 방치된 지역에 개입하기 위한 것이다.

오래된 도시 경관에 문화 산업과 창조 산업의 집중을 장려하는 재개발 사례(Pacione 2001; 4장 참조)처럼 좀 더 품위 있는 개입은 계속되고 있으나 1990년대 초 이후 도시 정책은 도시의 인공환경 개입에 관심을 덜 갖게 되었다. 한편 개입의 범위는 그동안 상당히 넓어졌다. 최근 개입에는 환경적 지속가능성을 높이기 위해 자연환경에 적극적으로 참여하는 것도 포함된다. 이것은 1992년 리우 국제연합(United Nations) 지구 정상 회의를 통해 국제적으로 채택된 어젠다 21과 로컬 어젠다 21의 주장을 따르고 있다(Selman 1996; 9장 참조). 여기에 더해 도시 재생은 지역의 다양한 이해 당사자들 간에 이어져 있는 구조와 네트워크로서 규정된 지역의 수용력을 높이는 데 노력을 기울이고 있다. 지방 정부, 민간 부문, 그리고 자발적 부문과 커뮤니티 이해 당사자들이 여기에 포함된다. 많은 경우 지역의 향상된 수용력은 재생 사업의 결과에 따르는 물질적 결과 만큼이나 가치 있게 여겨졌다. 왜냐하면 향상된 수용력이 특정 프로젝트의 수명을 넘어서 재생을 지속시키는 것으로 여겨지기 때문이다. 1990년대 초 영국에서 시작된 단일 재생 예산 정책과 시티 챌린지와 같은 정책들, 같은 시기 시작된 미국의 임파워먼트 존과 엔터프라이즈 커뮤니티 프로그램은 1980년대 제한적이고(편협하고), 시장 지향적이며 부동산 개발 위주의 도시 재생을 균형 잡히고 통합적으로 접근한 대표적 프로그램들이다.

토론 주제

도시 재생은 궁핍한 사람들의 기본 욕구에 주목하거나, 지역을 더 경쟁력 있게 만드는 요구에 주목하는 것 중 하나를 선택해야 한다. 도시 재생에서 이들 두 목적을 어느 정도 수용할 수 있을까?

이해관계자들

도시 재생에 관련되거나 도시 재생에 의해 영향을 받는 이해관계자의 범위는 경우에 따라 다양하다. 마찬가지로 다양한 이해관계자들이 재생에 관련되거나 또는 재생에 영향을 받는 방법들도 사례 내에서와 사례 간에 다양할 것이다. 힐리(Healey *et al.* 2002; Pendlebury 2002) 등은 잉글랜드 북부의 보전과 재생에 대한 연구에서 다양한 이해관계자들을 확인하고 이들을 재생에서의 관계에 따라 분류하였다. 국가 부문에서 영향을 받는 사람들에는 교통과 가로 관리, 주택 공급, 규제, 부동산 개발, 보전, 사업 개발 등 다양한 활동에 관련된 중앙 정부와 지방 정부의 관료들이 해당된다. 또한 재생이 진행 중인 지역과 경제적으로 연계된 다수의 이해관계자들도 해당된다. 뿐만 아니라 소비자 서비스와 생산자 서비스의 공급자, 제조업자, 소매업자, 부동산 개발자, 컨설턴트, 여가 공급자 등도 포함된다. 마지막으로 주민, 노동자, 쇼핑객, 서비스 사용자, 여가 사용자, 민간 단체를 포함한 시민사회 내 다양한 이해관계자들도 고려하였다(Healey *et al.* 2002; Pendlebury 2002 : 149). 이해관계자들은 재생이 진행 중인 지역에서 복잡한 연계망을 만들었는데, 여기에는 국지적, 지역적, 국가적, 세계적으로 다양한 형태의 연계를 포함하고 있다. 분명히 재생이 진행 중인 지역의 주민이 갖는 이해관계는 세계적인 소매 회사의 아울렛이 있는 지역 주민들 또는 실제 먼 교외에서 살면서 여가 서비스를 가끔 이용하는 주민들의 이해관계와는 다를 것이다. 이해관계자 네트워크를 통해 재생의 영향을 매핑(mapping)하는 것은 여전히 복잡하고 중요한 작업이다.

가장 일반적인 수준에서 시간에 따른 핵심 이해관계자들 간의 관계 변화는 추적 가능하다. 도시 재생 프로그램에 가장 영향력이 있거나 프로그램에 의해 가장 많은 영향을 받는 사람들은 중앙 정부, 지방 정부, 민간 부문, 커뮤니티, 자원봉사 부문과 지역주민들이다. 1980년대 동안 도시 재생의 목표가 경제적인 것에 집중되면서 사업 이익은 무엇보다 중요한 것이 되었다. 이것은 영국의 도시개발공사와 같은 중앙 정부 기구를 통해 분명히 알 수 있다. 이들 기구는 지방 정부의 통제로부터 멀어질 뿐만 아니라 이들 기구를 관리하는 비선출 위원회의 회원에서 알 수 있듯이 점차 민간 부문과 연관되었다(Imrie *et al.* 1995).

1980년대 이후 미국과 영국에서 정책 결정자는 점차 도시 재생의 파트너십 모델을 옹호하였다. 이들의 경우 파트너십에 지방 정부, 민간 부문과 함께 커뮤니티와 자원봉사 부문도 포함하려고 시도하였다. 이것은 도시 재생에 대한 접근을 넓히려는 시도로, 도시개발공사의 설립과 같은 정책에서 간과되었던 지역 수준의 책임을 다시 고려한 것이다. 그런데 미국에서 등장한 이러한 파트너십 또는 거버넌스와 네트워크 체제 모델이 영국에서는 과연 어느 정도 영향을 미쳤는지는 의문시되고 있다. 예를 들어 데이비스(Davis, 2003 : 301)는 중앙 정부는 지역 네트워크와 파트너십의 진전을 지원하거나 개발하기보다 지역 정책에서의 영향력이 점점 더 커져 가고 있으며, 거버넌스의 계층 구조를 유지하는 경향을 보인다고 주장하였다. 적어도 영국의 도시 재생에서는 이해관계자 간의 관계에 있어 수사와 실제 간에 차이를 보이고 있다.

이 장에서 논의한 도시 재생 사례들은 모두 중앙 정부로부터 비롯된 이른바 하향식 접근으로 특징지을 수 있다. 하향식 접근은 이해관계자들 간의 관계와 권력, 네트워크의 위계를 설정하는 경향이 있다. 그런데 1960년대와 1970년대 이후의 도시 재생에서 주민들로부터 비롯된 상당히 다른 유형의 수많은 사례들이 나타났다. 이는 상향식 접근으로 불리며, 전형적으로 진보적인 지방 정부 혹은 주민 집단에서부터 시작되었는데, 종종 이해관계자 간의 매우 다른 관계를 보여 주는 대안적 재생 모델이 되고 있다. 사례로는 진보적 계획 정책, 커뮤니티 경제 개발 그리고 커뮤니티 건축 체제들이 해당된다(Pacione 2001). 그런데 이 계획은 세계적인 도시 정책과 재생의 주요 흐름이자 도시 개발의 일반적 과정이며, 실제 수많은 성공적 사례에도 불구하고 그 영향력은 미미하다.

사례 연구 D

버먼지(Bermondsey)의 커뮤니티 재생

버려진 공업 단지(industrial units)를 상업과 주거 용도로 개조하는 과정은 많은 전산업도시의 도심 지역에서 공통적인 것이다. 공업 단지는 종종 공공 부문 보조의 결과로서 탈산업화된 지구에 진입하는 새로운 활동 공간으로 제공되거나, 부유한 도시 중심 노동자용 주택으로 제공된다. 이러한 과정은 하비(1989a)가 한 사람의 역사에 다른 사람의 삽입이라고 언급한 현상이다. 이전 산업 노동자들은 탈산업화의 영향을 가장 직접적으로 받고 있는 사람들로, 자신이 속한 지역의 미래에서 스스로를 배제하는 경향을 보이고 있다. 그 결과는 종종 물리적 이동으로 나타나며, 새로운 형태의 자본과 투자 그리고 그것들과 관련된 사람들에게 자리를 내주고 있다.

그런데 혁신적인 예술가 주도의 재생 과정에서는 산업 노동자의 개입을 모색하고 있는데, 런던 남부 버먼지 자치구에서는 오래된 비스킷 공장을 프로젝트의 거점으로 사용하고 있다. 피크 프린(Peek Freen) 비스킷 공장의 이전 고용인들은 탈산업화된 커뮤니티의 유산을 탐색하는 예술위원회(Arts Council)의 자금을 받는 예술가인 폴라 로쉬(Paula Roush)와 함께 참여하고 있다. 산업의 역사와 지역의 정체성을 탐색하려고 하는 이 프로젝트는 투자와 개발의 새로운 국면으로 인해 삭제될 위기에 처한 과거를 되찾는 것을 목적으로 한다. 이것은 탈산업화된 많은 커뮤니티를 위해 계획된 새로운 미래를 보장하는 것이라기보다는 외부의 공식적인 재생 부문에서 기인하거나, 도전을 주도하는 많은 재생 프로젝트의 전형이다. 변화로 인해 지역의 과거를 거의 인식하지 못하게 하는 지속적인 도시 변화에 직면하여 비판적 목소리를 높이는 재생의 예이다.

프로젝트 자체가 비싼 주거지로 급격하게 전환되고 있는 오래된 공장에서 영

재생의 영향

도심과 도시에 대한 공식적인 도시 정책과 재생이 30년 이상 실행된 이후, 이러한 개입들이 과연 어느 정도 목적을 달성했는지에 대한 검토가 이루어지고 있다. 정책과 재생의 영향은 무엇이었는가? 그것들은 도시 혹은 도시 내 특정 지역에 어느 정도 긍정적인 영향을 미쳤는가? 긴급한 물리적, 환경적, 경제적, 사회적, 문화적 쟁점들은 어느 정도 남아 있는가?

재생은 도시 변화와 개발 과정의 한 흐름으로 고려해야 한다. 하나의 재생 프로그램의 성공이 지역에 영원한 안정과 번영을 가져온다고 하기에는 무리가 있다. 도시는 역동적이고 지속적으로 변화한다. 도시들과 연관된 외부적인 과정도 유사하게 역동적이다. 결과적으로 하나의 재생 프로그램 또는 정책은 도시가 직면하게 될 새로운 세트의 지역적이고 지구적인 도전에 따라 자연스럽게 전개되어 왔다. 이는 도시 정책과 재생의 영향이 지대한 지역과 그렇지 못한 심각한 도시 문제를 갖고 있는 지역의 존재를 인정하는 것이다. 이 부분에 대해서는 8장에서 자세히 검토하였다. 여기서는 몇 가지 주요 쟁점을 간략하게 살펴보고자 한다.

2000년 영국의 탈산업화된 도시에서 도시 정책의 영향에 대해 저술한 마이클 칼리(Michael Carley)는 그동안의 재생이 부분적이었다고 주장하였다. 유사한 입장이 유럽, 미국 그리고 세계 다양한 도시 지역의 재생에서 채택되었다. 칼리가 묘사한 패턴들이 많은 도시 지역에서 공통적으로 나타났다. 도시 재생의 가장 가시적이고 분명한 영향은 도심과 이전의 황폐한 수변 공간, 그리고 다른 문화유산 지구에서 볼 수 있다. 이 지역들이 전형적인 1980년대 부동산 주도 재생 프로그램의 핵심들이다. 이들 지역은 컨벤션센터, 호텔, 주요 문화 시설, 사무 업무 개발, 고급 주택 단지와 같은 주요 개발을 통해 이윤을 얻었다. 물리적 외형 면에서 이들 지역은 거의 완벽하게 바뀌었다. 이처럼 사람들을 끌어 모으는(people-attractors) 개발은 방문객 경제의 성장을 주도하였다. 지역 경제로 들어오는 방문자의 지출은 분명한 혜택과 도시 이미지, 시민의 자부심과 그 외 여러 면에서 긍정적인 영향을 가져왔다. 한편 비판론자들은 도시 주민들 간 재생 혜택의 배분이라는 측면과 빈곤 집단을 위해 창출된 일자리의 본질에 대해 의문을 제기하였다(8장 참조).

또한 칼리와 다른 사람들은 재생의 영향이 분명한 많은 도시 지역에서도 문제가 지속되는 것을 확인하였다. 많은 도시 중심지들과 수변 지역들이 확연하게 변하는 동안, 도시의 다른 지역에는 여전히 버려진 토지와 불량 주택들이 밀집된 물리적으로 열악한 지역들이 곳곳에 남아 있었다. 마찬가지로 많은 이너시티 지역(그리고 여기에 더해 주변 주거 지역)은 높은 수준의 장기 실업 지속, 세대 간 계승, 그에 따른 빈곤으로 특징지어진다. 도심의 변신에 근거하여 정당화되었던 '도시 르네상스'는 지역의 많은 사람들과 무언가 맞지 않는 것처럼 보였다. 칼리는 영국 도시에서 재생의 영향을 다음과 같이 종합하였다. "국가는 부동산 주도적 재생으로 더 나아졌지만, 장기 실업 또는 근로 능력 상실로 불이익을 받는 가난한 가구를 지원하는 어려운 문제를 해결하지 못 하였다(2000 : 273)".

결론

　도시 재생 계획은 도시 쇠퇴의 부정적 영향을 완화하고자 노력하였다. 가난한 사람들에게 자원을 배분하거나, 경제 성장을 촉진하여 문제를 해결하고자 시도했다. 도시 재생 계획은 시간에 따라 후자의 접근으로 이동하는 경향을 보이고 있다. 특히 이러한 경향은 1980년대 등장한 시장 지향적 접근의 흐름 속에서 분명하였다. 최근 도시 재생의 목적은 환경적 지속가능성의 증진을 포함할 정도로 다양해졌다. 유럽과 미국, 세계 다른 지역 도시에서의 수많은 도시 재생 프로그램들과 인공환경에 대한 상당한 개선에도 불구하고 광범위하고 뿌리 깊게 자리잡고 있는 빈곤과 불이익의 문제는 여전히 남아 있다. 도시 재생이 성공적인 것이 되기 위해서는 그동안의 많은 도시 재생 프로그램들을 뛰어 넘는 어떠한 것으로 지금까지 드러난 문제들을 다루어야 할 것이다.

프로젝트 아이디어

여러분에 익숙한 도심 또는 도시에서 지난 40년 이상 동안 실행되어 온 수많은 재생 프로젝트를 보라. 재생에 대한 접근이 시간에 따라 어떻게 변화해 왔는가? 도시 재생 분석틀을 이용하여 설명해 보시오.

에세이 주제

* 미래에 환경적 관심이 도시 재생 프로젝트에 어떻게 결합될 것이라 생각하는가?
* 도시를 국제적으로 경쟁력 있게 만드는 것은 21세기 도시 재생이 직면한 최우선 과제이다. 이러한 주장에 어느 정도 동의하는가?

주제별 읽을거리

* 도시 재개발에 대한 광범위한 비판적 논문들은 다음과 같다.

Gotham, K. F. (ed.) (2001) *Critical Perspectives on Urban Redevelopment*, Greenwich, CT: JAI Press.

* 1980년대 영국의 도시개발공사, 선도적 도시 재생 프로그램을 구체적으로 평가한 논문은 다음과 같다.

Imrie, R. and Thomas, H. (eds) (1999) *British Urban Policy: An Evaluation of the Urban Development Corporations*, London:Sage.

▪ 1977년 노동당 정부가 선출된 이후 영국의 도시 정책과 재생 프로그램
을 논의한 논문은 다음과 같다.

Imrie, R. and Raco, M. (eds) (2003) *Urban Renaissance? New Labour,
Community and Urban Policy*, Bristol: Policy Press.

▪ 도시 재생 정책과 계획을 국제적으로 검토한 논문은 다음과 같다.

Pierson, J. and Smith, J. (eds) (2001) *Rebuilding Community: Policy
and Practice in Urban Regeneration*, London: Palgrave.

▪ 이론적, 실천적 핵심 쟁점을 포함하여 도시 재생의 국제적 개요를 제공
하고 있는 논문은 다음과 같다.

Roberts, P. and Sykes, H. (eds) (2000) *Urban Regeneration: A
Handbook*, London: Sage.

웹 자료

British Urban Regeneration Association : www.bura.org.uk

Cyburbia. The Urban Planning Portal: www.cyburbia.org

Urban Regeneration Online Bibliography:

www.nottingham.ac.uk/ sbe/planbiblios/bibs/urban/01.html

chapter 6

변화하는 도시 이미지

Transforming the image of the city

5가지 주요 개념

- 모든 도시는 부분적이면서도 선택적인 도시 이미지를 가지고 있다.
- 장소 판촉이나 도시 마케팅은 경제 발전을 촉진하기 위해 도시 이미지를 의도적인 방향으로 조작하여 만든 일종의 산업이다.
- 도시 이미지는 후기산업경제에서 매우 중요한 의미를 갖는다.
- 이미지의 향상은 도시 지역 개발을 지속적으로 강화한다.
- 긍정적인 도시 이미지도 때로는 여러 도시 공간에서 경제적 · 사회적 현실들을 악화시킨다고 알려져 있다.

서론

이전 장에서는 도시의 경제와 경관들을 재생하기 위해 1980년대 초반 이래 영국과 유럽 그리고 북미 대륙에서 채택되었던 전략들을 살펴보았다. 본 장에서는 경제의 탈산업화를 겪는 여러 도시와 그와 관련하여 도시의 성공적 재생에 장애가 되는 부정적 이미지 및 도시 이미지의 변화를 고찰하고자 한다.

도시 이미지란?

모든 도시는 이미지를 가지고 있다. 사실 모든 도시는 여러 이미지를 가지고 있으며, 항상 지니고 있다고 말하는 것이 더 정확할 것이다. 장소의 이미지는 종류에 따라 장소나 공간에 대해 단순화되고 일반화되거나, 때로는 진부한 인상을 심어 주기도 한다. 그러나 완벽하게 도시를 알기란 불가능하다. 주변 환경을 이해하기 위해 우리는 복잡한 실제 세계를 몇 개의 선택적 느낌으로 단순화시킨다. 이렇게 선택적인 방법을 통해 우리는 장소 이미지를 만들어 내고 있다. 장소 이미지는 일반적으로 특정한 자연적, 사회적, 문화적, 경제적, 정치적 양상들 및 이러한 것들을 조합하여 과장하는 반면, 그 외의 것들은 축소하거나 심지어 제외시키기도 한다. 이 장에서는 그와 같은 장소 이미지의 형성 때문에 도시의 실제 환경이 변화되었다는 것을 논하려는 것은 아니다. 인식의 세계에서 이미지는 실제보다 더 중요하다. 실제로 이미지는 도시에 대한 이익과 불이익 모두를 가져올 수 있다. 어떤 측면에서 도시 이미지는 로컬리티의 실질적 변화를 가져오지 않고 도시 판매자들에 의해 교묘하게 변형되거나 조작될 수 있다. 또 다른 측면에서는 부정적이고 그릇된 이미지들에 상당한 변화가 일어나고 있음에도 불구하고 지속될 수 있다.

도시 이미지의 형성

1980년대 중반 이후 거대한 산업의 성장은 장소 이미지의 의도적인 조작과 판촉을 발달시켰고, 이는 도시 재생 프로그램의 필수적 요소가 되었다. 이러한 내용은 이 장의 후반부에서 살펴볼 것이다. 하지만 지방 정부에 의한 판촉 캠페인만이 장소 이미지를 형성하는 유일한 방법은 아니다. 매력적인 도시 이미지는 여러 가지 방법으로 형성될 수 있으며 여기에는 다음과 같은 것들이 포함된다.

- 장소에 대한 지배적 이미지를 형성하게 되는 사건의 방송 보도
  (예 : 1980년대 영국 이너시티에서의 폭동과 1992년 로스앤젤레스 폭동)
- 장소에 대한 풍자와 조롱거리들은 장소에 대한 고정관념을 유발하는 경향이 있다.
- 개인적 경험(도시 관광객들은 매우 짧은 기간 동안 매우 선택적으로 관광하기 때문에 흥미와 호감을 불러일으킬 만한 일부 장소에만 관심을 둘 뿐이다)
- 소문과 명성(개인적 경험, 소문 등 사람들이 도시에 관해 이야기하는 것은 장소의 인상을 결정하는 중요한 구성 요소이다)

부정적 도시 이미지

많은 도시들은 현재까지 부정적 도시 이미지의 오명으로 어려움을 겪고

있다. 예를 들어 리버풀은 범죄의 소굴로, 맨체스터는 마약 문제로, 로스앤젤레스는 사회적·인종적 갈등으로, 버밍엄은 건축적·문화적 불모지로 변해 가는 곳으로 생각할 수 있다. 하지만, 리버풀이 범죄만 존재하는 곳도 아니며 버밍엄이 불량하고 낙후된 건물만 있는 곳도 아니므로 이러한 예들은 사실 단편적인 것에 불과하다. 이는 이 장에서 다루려는 논점이 아니다. 오히려 그러한 이미지가 지속된다는 사실이 더 중요하다. 부정적인 도시의 이미지는 불량한 환경, 편협하고 제한된 문화적 태도, 사회적 양극화와 불안, 그리고 경제적 쇠락과 불경기와 같은 요소들을 과장하여 나타내는 경향이 있다.

이러한 관점에서 도시 이미지가 본질적으로 좋거나 나쁘다고 말할 수는 없다. 그러한 평가를 결정하는 것은 광범위한 문화적 흐름 및 경향과 관련 있다. 예를 들어 20세기 전반에 걸쳐 산업은 도시에 긍정적 이미지를 심어 주었다. 그러나 세계 경제의 흐름이 변하면서 산업은 부정적인 관점으로 바라볼 대상이 되었다. 과거 산업은 힘, 기술, 그리고 긍지와 동일시되는 때가 있었지만 오늘날 산업의 이미지는 오히려 경제적 쇠퇴, 퇴락, 환경오염과 더 관련이 있는 것 같다(Short *et al.* 1993). 최근 장소 판촉 캠페인에서는 도시가 부정적 이미지와 전혀 관련이 없는 것처럼 포장되기도 한다.

도시 장소 판촉의 출현

도시의 장소 판촉은 도시 개발 및 도시지리에서 오랫동안 중요한 측면으로 다루어졌다. 하지만 전통적인 학문 분야에서는 그 중요성을 최근에서야 인식하게 되었다. 장소 판촉은 영국과 북미, 유럽과 아시아의 광범위한 도시 환경 개발에 영향을 미쳤다. 이는 다양한 민간 기구 및 지방, 지역 및 중앙 정부를 아우르는 공공 기관들을 포함하는데 이는 세계 도처의 각기 다른 독특한 장소 판촉의 역사를 잘 보여 주고 있다(Ward 1994).

최초의 장소 판촉에 대한 몇 가지 사례는 19세기 초 인구가 비교적 많지 않았던 북미 서부에서 찾을 수 있다. 장소 판촉은 많은 도시들이 건설되고 있던 당시에 부동산을 판매할 목적으로 사용되었다(Holcomb 1990; Ward 1994). 장소 판촉은 1990년대가 되어서야 비로소 어느 정도 형태를 갖추었지만 사실 그것은 19세기 중반 미국의 북동부에서부터 알려졌으며 산업 소도시들의 판촉과 관련이 있다. 19세기 이후 이러한 장소 판촉은 캐나다의 산업 지구로 퍼져 갔다. 초기의 이러한 유형의 판촉은 대개 도시의 무역청과 의회, 상공회의소와 같은 기관들이 참여하는 지방 활동이었으나 종종 민간 개발업자, 철도 회사, 그리고 지방의 재정 계획과 연관되기도 했다. 여기서 나온 주요 판촉물은 지방 신문, 상공인명록, 그리고 판촉을 위한 소책자들이었다. 그러나 20세기에 걸친 캐나다와 미국에서의 장소 판촉은 지역 개발 프로그램으로 통합되면서 차츰 주 정부, 지방 정부, 연방 정부 같은 상위 계층의 공공 기관들도 관여하기 시작하였다(Ward 1994 : 54~62).

호주와 영국의 장소 판촉은 미국과 캐나다의 장소 판촉과 상이한 역사를 가지고 있으며, 적어도 초창기에는 다른 형태의 도시 환경의 판촉에 중점을 두었다. 영국에서 최초로 출현한 장소 판촉은 19세기 중반 철도 회사가 블랙풀(Blackpool)과 스카보로(Scarborough) 같은 해변 리조트 개발로 대규모 관광객을 유인하면서 기업들도 유치하고자 추진되었다(Ward 1998).

그러나 그 이후에는 도시 자체에서 장소 판촉을 실시하기도 하였다. 20세기 초 이러한 판촉 활동은 한창 확장되고 있던 교외 거주지, 특히 런던 주변의 판촉으로 방향이 바뀌었다. 예전처럼 철도 회사들이 이러한 판촉의 주체로 활동했으나 이번에는 민간 개발업자와 주택조합도 함께 참여하게 되었다(Gold and Gold 1990; 1994). 그러나 영국 산업도시의 판촉은 1930년대까지도 전반적으로 잘 이루어지지 못했다(Ward 1990; 1994). 그것은 미국에서 장소 판촉이 광범위하게 전개된 지 약 50년 후에나 가능했다.

호주에서의 장소 판촉은 대체로 전후에 나타난 것으로 이민자들을 끌어들여 지역의 인구 과소 문제를 해결하기 위한 호주 정책의 핵심이었다. 개별 도시들의 지방 주도권도 중요했지만, 이러한 정책은 주로 중앙 정부의 주도하에 이루어졌다(Ryan 1990; Teather 1991). 호주는 항공사와 여행사, 호주관광협회에 의해 관광객의 여행 대상지로 판매되었다.

이러한 초기의 사례가 있지만, 장소 판촉은 1970년대 초반 탈산업화의 물결이 영국, 유럽, 북미, 그리고 특히 기존의 산업도시에 영향을 준 이후 훨씬 더 중요하게 되었다. 그 이유는 첫째, 더 많은 도시들이 이전보다 긍정적인 도시 이미지를 판촉해야 할 필요를 인식하게 되었다. 오늘날 도시들은 거의 예외 없이 어떤 유형이든 활발한 판촉 활동을 하고 있다(표 6.1).

둘째, 도시에 의해 창출된 이미지들은 이전보다 더욱 다양해지고 있다. 산업도시는 단순하고 획일화된 이미지를

표 6.1 1977년과 1992년 지방 정부의 판촉 패키지

판촉 유형	지방 정부의 보유율(%)	
	1977년	1992년
안내	42.6	84.2
안내책자	29.7	56.2
전단지	20.3	37.7
산업/상업 관련 정보	20.9	69.9
관광객	28.4	84.9
기타	42.6	85.6
슬로건	43.9	45.2
잡지, 신문	–	32.2
옷에 그려진 로고	–	36.3
로고	–	73.6

출처 : Barke and Harrop(1994 : 97)

판촉하기보다, 다양하고 독특한 틈새시장을 대상으로 서비스를 제공해야 한다는 것을 인식하고 있다. 따라서 도시 자체가 가진 다양한 이미지들을 내세우는 경향이 있다. 광범위한 기관들이 장소 판촉을 추진하고 있다는 것도 이러한 다양성을 보여 주는 또 하나의 예이다. 과거에는 상공회의소나 도시개발공사, 지방 정부와 같은 공공 기관과 철도 회사나 여행사들과 같은 소수의 민간 기관들이 장소 판촉을 담당하였지만, 1990년대에는 더욱 다양한 집단들이 참여하였다. 몇몇 집단들은 전문적 국가 단체(예를 들어 영국 도시 마케팅 그룹the Great British Cities Marketing Group)나 지방기구(예를 들어 버밍엄 마케팅 파트너쉽Birmingham's Marketing Partnership)에 의해 부분적 혹은 통합적으로 조직되었으나, 도시개발공사와 같은 중앙 정부 단체, 지방 정부 기구, 국제 회의장과 공항과 같은 특정 전문적 시설, 과학연구단지와 같은 계획을 입안하는 대학과 같은 지방 기관, 그리고 지방의 기업 협회 구성원들과 지방 언론 기관들도 포함되기도 했다. 그로 인한 효과는 대조적이지만 종종 매력적인 도시 이미지를 창출하기도 하였다.

마지막으로 장소 판촉으로 인한 지출, 특히 지방 정부의 예산 비중은 1980년대 초반 이후 증가하고 있다. 이러한 지출 중 도시개발공사와 도시 재생과 관련된 기타 기관들의 지출도 상당한 비중을 차지하고 있다.

이러한 다양한 역사에도 불구하고 광범위한 국제적 탈산업화 과정은 도시에 의해 수행된 판촉 유형과 그 결과로 나타난 이미지의 형태에 있어서 상당히 동질적인 양상을 보여 주고 있다. 이는 세계 경제와의 상호 관련성이 점차 증가하고 있다는 것을 의미한다.

후기 산업 경제에서의 도시 이미지

세계 경제 조직에서 많은 변화가 일어나면서 긍정적인 장소 이미지의 판촉은 경제 재생에 있어 매우 중요한 부분이 되었다. 이러한 내용은 3장과 4장에서 자세히 논의하였다. 요약하자면 개별 도시들의 경쟁 네트워크는 공간적·수적으로 모두 증가해 왔으며 개별 도시들은 과거에 비해 소수의 보호 제도와 조직에 영향을 받기 쉽다는 것이다.

영국과 유럽, 북미에서 과거에 번성하였던 대다수의 도시들은 경제의 탈산업화로 어려움을 겪고 있다. 이러한 국가들은 경제의 3차 부문이나 서비스 부문이 성장을 이끄는 것으로 인식하고 있다. 그러나 이러한 부문들은 기존 도시들의 성장을 가져온 2차 부문, 즉 제조업의 입지적인 특성과는 매우 다르다. 이 부문의 입지 조건들은 원료와의 근접성, 풍부한 노동력의 공급, 원활한 교통 연계, 시장으로의 접근성 등이다. 더구나 대규모 자본은 산업 시설에 묶이는 경향이 있다. 이윤 발생을 위해 이러한 공장은 규모의 경제를 발생시켜야 하는데, 이것은 일반적으로 대규모 생산, 즉 오랜 기간 동안 획일적 생산을 해야 가능하다. 따라서 이러한 부문은 고도의 지리적 관성을 띠게 된다. 이들은 입지적으로 특정 유형의 부지에 묶이게 되고, 일단 건설되면 규모의 생산 경제를 가져오기 위해 오랫동안 그곳에 머물러야만 한다.

반대로 오늘날의 경제 성장 지역은 지리적 관성을 덜 보이는 경향이 있다. 전통적 입지 조건은 과거에 비해 더 이상 중요하지 않다. 따라서 도시는 스스로 새로운 이익을 창출해야 한다. 서비스 부문 활동은 중장비나 공장 시설에 묶인 자본에 거의 영향을 받지 않는다. 1980년대 부동산 개발 사무실 임대 부문의 붐은 거의 모든 도시에 적절한 공간을 공급하는 것이 준비되었음을 의미한다. 전자 통신 기술의 개발과 고용 성장은 세계 어디에서든지 시장에 접근할 수 있다는 것을 의미한다. 전통적인 지리적 입지의 특성은 서비스 부문 활동의 입지 의사결정에서 점차 그 중요성을 잃어가고 있다. 서비스 부문의 입지 결정은 2차 부문보다 훨씬 자유롭다.

이것은 도시의 경제 재생에 있어 중요한 의미를 지닌다. 즉, 기업 활동과 투자가 과거와는 매우 다른 환경에서 이루어진다는 것을 시사하는 것이다. 다른 입지 요건들이 주어진다면 성장 부문에서의 투자 결정은 실질적인 입지 요건들보다 이미지의 차이에 훨씬 더 민감하게 반응하는 것으로 보인다.

> 지역이 인식되는 방식, 그리고 그것의 물리적, 환경적 매력은 비록 관념적일지라도, 산업 부동산 개발업자, 재계의 이해 당사자 그리고 기업의 투자 수준에 영향을 주며, 다른 한편으로는 그곳에서 일하고 생활하게 될 종업원들과 고용주들의 기호에 영향을 미칠 것이다.
>
> (Watson 1991 : 63)

내부적인 투자에 있어서 입지 선정이 자유롭다는 것은 잠정적으로 도시화의 기반이 매우 불안정하다는 것을 의미한다. 이는 어떤 장소의 조건에 있어서 매우 작은 변화에도 기민하게 대응하기 위함이며, 제조업이나 중공업 투자보다 입지를 바꾸기가 훨씬 용이하기 때문이다. 이러한 불안정성은 도시 경제와 국제 경제 체계와 관련된 세 가지 특성에 의해 악화된다. 첫째, 도시 간 경쟁 네트워크는 사실상 점점 더 국제화되고 있다. 전지구적인 경제 시스템과 시장의 특성(예 : 비즈니스 관광과 컨벤션 시장)으로 인해, 의사 결정이 가능한 입지 선택은 점차 전 세계로 확대되고 있다. 따라서 도시는 국내 도시들뿐만 아니라 전 세계 도시들과도 경쟁해야 하는 것이 일상이 되어 버렸다.

둘째, 도시 경쟁 네트워크의 공간적 범위뿐만 아니라 그 수 또한 증가하고 있다. 도시는 일반적으로 경제적인 면에서 어느 정도 특화되어 있다. 대다수의 도시들은 그러한 경쟁에 취약하였으며, 경쟁 중이던 도시의 수는 줄어들었다. 경쟁 네트워크는 경제적으로 비슷한 특성을 보이는 도시들 간에 이루어지는 경향이 있다. 그러나 이러한 경제적 특화층은 1970년대 초반 이후로 탈산업화의 물결에 휩쓸려 소멸되었다. 경관과 경제를 재활성화하기 위해 도시가 채택한 전략들은 이런 특화 정도를 감소시킨 경향이 있다. 영국, 유럽, 북미의 도시 재생 프로젝트는 상당 부분 비슷하게 나타난다. 그 결과 많은 도시들은 산업 및 기업 이전, 비즈니스 관광 사업, 문화 관광 사업 등의 성장 부문으로 진입하고 있는 도시들뿐만 아니라 전통적으로 이미 이러한 부문을 지배하고 있는 기존의 도시들과도 경쟁하게 되었다. 이러한 현상은 지방 도시의 수준을 넘어 국가적인 규모에서도 문제를 일으켰다. 이는 시장 포화 및 지역적·국가적 규모에서 제로섬 성장(zero-sum growth)의 문제, 즉 소위 한 지역의 성장이 다른 지역의 쇠퇴를 야기하는 문제를 가져왔다.

셋째, 과거 대부분의 경우 도시의 경제적 지위는 보호 조직이나 협약으로 보장되거나 보호되었다. 이는 정부의 지역 정책, 국가 간의 무역 협정, 군사력 등을 모두 포함한다. 이들은 세계 경제에서 완전히 사라지지는 않았지만 그 수나 범위에 있어서 축소되었으며, 그 성격도 바뀌었다. 예를 들어 중앙 정부의 지역 정책은 유럽위원회(European Commission)의 지역 기금과 영국의 시티 챌린지와 같은 보조금으로 대체되었고 이는 지역 간 경쟁 입찰 과정을 통해 결정된다. 이러한 유형의 기금은 도시 간 경쟁 정도와 지역 투자의 불안정성을 증대시키기도 한다.

영국과 유럽, 북미 대륙의 과거 산업도시들이 채택한 경제 및 도시 재생 전략은 점점 고조되고 있는 경쟁과 불안의 악순환에 사로잡혀 있는 것처럼 보인다. 그들이 계속 진입하려고 시도하는 시장은 경쟁이 심화되어 있다. 또한 역사적으로 도시 체계가 불안할 때마다 개별 도시들의 대응은 투기적인 도시 재생 프로그램과 관련된 판촉 활동을 추진하는 것이었다. 이러한 불안의 악순환을 해소하기는 어려울 것으로 보인다. 사실 도시가 이런 불안을 해소하기 위해 혁신적인 대응 방법을 모색했던 예는 거의 찾아보기 힘들다. 오히려 대다수 도시들은 이제는 더 이상 새롭지도 않은 대규모 토지 개발과 도시 판촉 전략에 매달린다. 각 개발 계획은 일견 혁신적으로 보이기도 하지만 이는 지속적으로 도시화의 문제를 일으키는 거대한 전략의 일부에 불과하다.

도시화와 장소 판촉

장소 판촉 과정은 도시화의 과정에서 우연히 일어나는 것이 아니다. 이미지가 후기산업경제에서 점차 중요시되면서 실질적인 도시 경관의 창출은 도시의 긍정적 이미지를 창출해야 할 당위성을 보여 주며, 더불어 경제 개발이 장소 판촉 프로그램에 의해 주도되고 있다는 것도 보여 주고 있다. 이러한 점에서 '판매'와 '마케팅'의 차이를 이해하는 것은 중요하다. 왜냐하면 이 두 가지는 매우 다른 과정이기 때문이다. 판매라는 것은 판매원이 팔고자 하는 물건을 소비자가 구매하도록 설득하는 과정이다. 그러나 마케팅은 판매자가 자신이 판매할 물건을 소비자가 원하는 방향과 아이디어로 구체화하는 보다 적극적인 과정이다(Fretter 1993 : 165; Holcomb 1993; 1994). 그러므로 '도시를 판매하는 것'과 '도시를 마케팅하는 것'의 차이는 도시 개발의 관계를 이해하는 데 중요하다. 도시를 '판매하는 것'은 관광객의 소비를 촉진하고 외부 투자를 통해 도시 경제에 직접적으로 영향을 미칠 수 있다. 그러나 도시를 '마케팅하는 것' 또한 도시의 경관과 개발에 직접적인 영향을 줄 수 있다. 1970년대 이전의 도시는 대개 '판매되었다'고 말하는 것이 더 맞을 것이다. 그리고 현재의 도시들은 '마케팅되었다'고 말하는 것이 더 정확할 것이다. 도시 경관은 점점 더 잠재적 소비자가 원하는 시각과 방향으로 구체화된다. 따라서 도시를 마케팅하는 것은 부차적인 과정이라기보다 도시 개발을 구체화하는 데 있어 점차 필수적인 것이 되고 있다.

> '장소 마케팅'은 1980년대 도시 경제 개발에 중요한 원동력이며 앞으로 다가올 미래에도 그러할 것이다. … 더 많은 일자리가 더 나은 도시를 만든다는 논리는 더 나은 도시가 더 많은 일자리를 가져온다는 인식으로 바뀌어 가고 있다.
>
> (Bailey 1989 : 3)

'마케팅'은 '판매'의 개념을 대체하기 시작했다. 판매는 우리가 가지고 있는 물건을 소비자에게 판매하는 것이지만 마케팅은 소비자의 요구를 잘 충족시켜 주는 것이다(혹은 마케팅이란 지방 정부에 있어 가격적인 면에서 효율적이라는 것을 의미한다). 이는 많은 지방 정부의 기능에 영향을 주는 복잡하면서도 종합적인 접근 방법을 필요로 한다. 따라서 장소를 마케팅 한다는 것은 단순히 유동적인 기업과 관광객을 끌어들이기 위해 지역을 판매하는 것 이상의 의미를 지닌다. 이제 장소 마케팅은 바람직한 방향으로 장소 개발을 유도하는 필수적인 계획 요소라 할 수 있다.

(Fretter 1993 : 165)

도시 마케팅의 프로세스

도시가 판촉되는 방법은 다양하다. 여행사나 도서관, 상업 정보 서비스를 통해 안내서와 소책자 및 기타 정보를 배포하는 방법, 우편 설문이나 포스터 광고, 많은 사람들이 밀집하는 장소(예 : 주요 철도역과 공항)에서의 광고를 통한 방법, 신문의 금융 면이나 부동산 면, 전문적인 부동산 상업 면 혹은 전문 잡지 등의 출판 광고를 통한 방법 및 고용 광고나 도시 로고의 채택을 통해 배포하는 방법 등 다양하다. 점점 더 도시들은 마케팅에 적극적으로 참여하게 되었다. 도시는 이제 해외에 널리 퍼진 잠재적 소비자와 만나기 위해서 지방 정부와 기업 단체들의 대표자를 자주 해외에 파견하고 있다. 1980년대 말과 1990년대 초 버밍엄 시의회는 국제 회의장을 열기 전 대면 접촉을 통해 잠재적 소비자를 만나 도시를 선전하기 위해 유럽, 일본 등 원거리 시장을 순회하는 '버밍엄 로드쇼(Birmingham road show)'를 단행하였다.

장소 판촉의 시장

많은 도시들은 단순히 무차별적으로 도시를 마케팅하는 것이 아니라 특정 고객, 즉 경제 서비스 부문을 확장하려는 기업 및 국제 회의와 비즈니스 관광 이벤트를 추진하는 기관과 같은 특정한 고객들을 대상으로 한다.

이러한 고객들은 도시가 판촉하고자 하는 이미지에 결정적 영향을 끼친다. 서비스 부문은 대규모의 미숙련 노동력은 필요로 하지 않고 소수의 우수한 전문 숙련 노동력을 필요로 한다. 이와 같이 비즈니스 관광 상품은 주로 중간 혹은 상위 서열의 기업 대표들을 대상으로 한다. 이런 고객층은 고도로 특화된 사업에 관심을 보이며, 문화와 환경뿐만 아니라 사업 문제들이 포함된 생활양식 문제에까지도 관심을 보이고 있다. 시장은 대체로 유사하게 보이지만 도시는 미묘한 차이에 따라 달라지며 그에 따라 도시 마케팅에도 직접적으로 영향을 준다.

사례 연구 ㄴ

이미지 쇄신과 도시 개발

도시는 '판매' 되기보다 '마케팅' 되어 왔다. 1980년대 이후 도시의 경관은 잠재적 소비자들의 관심을 유도하기 위해 부분적으로 개선되어 왔고 점점 더 도시를 판촉하는 과정과 맞물려 진행되고 있다. 이를 일컬어 '투자 마케팅' 이라 부른다. 2003년 영국 버밍엄은 도시의 이미지를 바꾸기 위해 도시 브랜드를 쇄신하는 행사를 마련했다. 새로운 이미지는 과거 도시의 이미지를 반영하기보다는 도시의 미래상을 전달하고자 했다. 버밍엄의 판촉은 다양하고, 다문화적인 세계 도시 이미지를 강조하는 것이었다. 도시 개발과 도시 재생은 새롭게 만들어진 이미지를 토대로 버밍엄을 만들어 가고자 했다. 도시 이미지와 도시 마케팅의 과정은 일시적인 작업이 아니다. 이는 지속적으로 장소의 환경과 경제 그리고 문화의 개발에 중점을 둔다.

사진 6.1 새로운 개발을 통해 도시 이미지를 개선하고 있는 사례, 불링(Bull Ring) 개발, 버밍엄, 영국

도시의 새로운 이미지

도시 판촉과 관련된 문헌을 살펴보면 대부분의 도시들은 일하고, 살기에 좋은 곳이라고 판촉하는 데 열성적이라는 것을 알 수 있다. 많은 도시

들은 사업 기회뿐만 아니라 생활양식 활동을 강조하여 판촉 활동을 한다.

성공적인 장소 판촉을 위해서는 이 두 가지가 필수적이며 이는 복잡하게 상호 연관되어 있다. 여기서는 도시가 자체적으로 창출하려는 이미지, 그리고 경제 재생의 일부로써 판촉되는 이미지에 대해서 자세하게 살펴볼 것이다.

중심성

항상 그래 왔듯이, 많은 도시들은 어떤 것의 중심에 있다는 인상을 만들어 내고자 노력한다. 중심성의 개념은 입지적 측면, 즉 소위 도시가 잉글랜드, 영국, 유럽 등의 지리적 중심에 있다는 것을 의미한다. 이는 지리적 중심성이 장소 접근을 용이하게 하고 커뮤니케이션의 편리함 및 비용 측면에서 이점을 가져온다는 뿌리 깊은 관념에 기인한다. 그러나 오늘날 경제는 물질적 재화보다 정보의 교환으로 특성화되기 때문에 지리적 중심성보다 문화적 중심성의 창출이 좀 더 강조되고 있는 실정이다.

문화적 중심성은 도시가 어떤 활동의 중심에 있다는 것을 보여 준다. 도시는 술집, 식당, 나이트클럽, 극장, 발레, 음악, 스포츠, 다양한 볼거리 같은 문화적 활기로 가득 차 있다는 것을 보여줌으로써 사람들이 이런 도시에서 원하는 것은 무엇이든지 얻을 수 있는 것처럼 나타낸다.

산업의 이미지

1980년대 중반 이후 구산업도시들은 가장 활동적인 장소 판촉 기획자들 중 하나였다. 이런 도시들은 오랜 산업 역사와 탈산업화의 과정을 거치면서 구산업도시들이 가지고 있던 이미지 문제들을 야기하였다. 첫째, 일반적으로 퍼져 있던 산업의 이미지는 더럽고 위험하며 오염된 산업 및 노동자 계층 활동에 관한 것들로 대개 부정적이다. 탈산업화의 과정은 경제적 쇠퇴와 퇴락, 실업의 이미지를 만들어 그러한 도시에 좀처럼 우량 기업들을 유치하지 못했다. 판촉 활동은 구산업도시의 이미지들을 대체하고 산업 활동의 이미지를 전반적으로 바꾸는 것에 중점을 두었다.

오늘날 미국에서 어떤 도시를 '산업적'이라 부르는 것은 경제 기반의 약화, 오염, 침체 등과 같은 일련의 부정적인 이미지와 관련 있는 것이다. 긍정적인 이미지를 갖고 있는 도시들은 후기산업시대, 미래, 새로움, 깨끗함, 첨단 산업, 경기 상승, 사회적 진보층 등과 같은 이미지들과 관련 있다. 우리는 산업적인 것과 후기산업적인 것 사이의 양극적 차이를 발견할 수 있다. 산업도시들은 과거, 오래된 것, 일, 오염과 생산의 세계와 관련된다. 대조적으로 후기산업도시는 새로움, 미래, 깨끗함, 소비와 교환, 일과 반대되는 개념인 여가 활동 등과 관련이 있다.

(Short et al. 1993 : 208)

산업 이미지가 굳어진 경관은 기존의 산업 이미지를 개선하려고 시도한다는 점에서 중요하다. 이러한 경관은 공장, 굴뚝, 창고 같은 것이 아니라 잘 디자인된 과학 단지와 같은 녹색 경관을 의미한다. 여기에는 호수나 조각물, 잘 정리된 잔디밭이나 정원 같은 것들이 포함될 것이다. 또한 이러한 경관을 점유한 빌딩들은 청정 산업 및 첨단 산업과 같은 포스트모던하며 화려한 미래 지향적인 특징을 보인다.

실제 산업 활동의 판촉도 유사한 방식으로 이미지가 정화된다. 판촉 활동에서는 더럽고 위험한 산업 활동과 같은 생산 과정의 이미지들을 바꾸려고 한다. 이미지들을 통해 만들려는 가장 최우선적인 도시의 인상은 최신 기술, 숙련, 정밀함, 깨끗함 등이다.

이러한 이미지들은 과거의 부정적이었던 산업 이미지를 보다 긍정적이고 매력적인 이미지로 대체하고자 한다. 또한 이것들은 고도로 숙련된 인력과 첨단 산업, 환경, 그리고 이러한 개념들의 조합과 산업이 매력적으로 잘 조화를 이룬다는 것을 보여 준다.

한편, 역사적인 산업 지역들은 도시의 관광 전략에 있어 중요하다. 여기에는 많은 이유가 있겠지만, 예를 들면 운하 교통이나 도크 시설 이용의 침체로 중심 도시에 버려진 지역들이 많이 생겨났기 때문이다. 산업 유산의 복구는 전문가들에게 유용하고 이상적인 경관의 창출과 더불어 장소의 긍정적 이미지를 만드는 데 이용될 수 있다. 이러한 산업 관광 상품은 과거를 지나치게 이상화·미화한다는 이유로 비난 받았다. 복원된 제분소, 도크, 운하, 유적지들은 과거에 실제 존재했을 때보다 더 깨끗하고, 더 건강하며, 더 행복한 곳으로 묘사된 것이 사실이다.

과거 산업의 부정적인 사회적 특성들(예 : 고용과 공공 활동에 있어서 남성중심주의 혹은 노예 교역 역할을 한 항구)은 현대 사회로 접어들면서 거의 드러나지 않는다. 산업의 전통적 유산과 관련된 이미지들은 자부심과 혁신, 숙련, 강인함, 전통 등과 같은 긍정적 이미지들을 내세운다.

업무의 이미지들

좋은 업무 활동의 입지로서 역동적인 장소 이미지는 현대 도시 판촉의 핵심이 되어 왔다. 업무의 입지 판촉은 평범한 기능적 특성으로 조직되기보다는 극적이며 매우 가시적으로 진행되어 왔다. 이것은 주로 건축 양식과 커뮤니케이션 및 과학 기술의 이미지에 중점을 두게 되었다

오피스타워, 컨벤션센터, 비즈니스파크와 같은 업무가 행해지는 공간들은 도시 이미지와 위상을 보여 주는 데 중요하다. 빌딩은 도시 재생의 중요한 선도적 역할을 하며 그것의 규모, 디자인, 수용력은 명성의 아이콘으로써 기능한다. 따라서 업무의 이미지는 건축 형태에 중대한 영향을 미치게 되고 그렇게 함으로써 빌딩과 건축 양식을 영구화하여 도시의 위상을 정립한다.

업무 활동은 점점 더 세계적인 규모로 행해지고 있다. 전자 통신은 원거리 정보 통신 및 교환을 가능하게 하였다. 도시가 전 세계적으로 업무 활동을 할 수 있는 역량을 갖추었는지에 따라 도시의 명성과 위상이 결정되고 있다. 많은 도시들은 판촉 이미지들을 통해 그들의 도시가 교통망(도로, 철도, 항공 교통)과 전자 통신망이 잘 갖추어져 있어서 지역적·세계적인 공간적 제약이 더 이상 문제가 되지 않는다는 인상을 심어 주려 한다. 업무 입지로서 도시의 지배적인 이미지는 실제 도시의 위상과는 관계없이 세계 경제를 실현하는 매우 강력한 결절지의 역할을 한다. 도시가 국제적 포부를 가진 진취적인 기업들의 투자와 재입지를 유도하려 한다면 이러한 이미지들은 매우 필수적이다.

업무에 요구되는 노동력에 있어서 규모보다 질적 측면을 더 고려해야

사례 연구 F

뉴욕의 시러큐스(Syracuse) : 두 개의 로고 이야기

인구 147,300명(2000)의 도시인 시러큐스는 뉴욕과 토론토 중간에 위치해 있다. 1970년대까지 약 100년 동안 시러큐스의 초기 경제의 기반은 화학이었다. 20세기 초부터 시러큐스의 산업은 다양화되어 자전거와 타자기의 세계적인 제조 지역으로써 '산업' 도시로 알려진 계기가 되었다. 그러나 1960년대 이래 제조업 슬럼프의 영향을 받게 되었

사진 6.2a 1848년 시러큐스 로고

고, 1980년대 중반에는 극심한 경기 침체를 겪게 되었다. 1848년으로 거슬러 올라가 시러큐스 최초의 로고(그림 6.2a)를 살펴보면 산업 경제의 우위성, 공업과 관련된 긍정적 이미지를 반영하고 있는 것을 볼 수 있다. 이 오래된 로고는 염전과 연기가 나오는 굴뚝을 보여 주고 있다. 하지만 1980년대에 이르러서 산업은 부정적 이미지로 연상되었다.

1986년, 시의 새로운 로고를 디자인하기 위한 대회가 개최되었다. 수상작은 시러큐스의 경제 및 환경의 다른 측면을 부각시켰을 뿐만 아니라 외부인들에게도 긍정적 이미지를 심어줄 수 있도록 디자인된 것이었다. 북미 사회의 환경 보호주의 출현을 반영하는 새 로고는 시러큐스 환경의 새로운 가치와 최근에 깨끗하게 정화된 호수 및 현대적이며 후기산업적인 스카이라인을 반영하였다.

이처럼 도시의 부정적 산업 유산을 배제하려는 시도는 과거 산업의 이미지

와 거리를 두려는 태도의 변화를 잘 보여 주고 있는 사례이다. 이 같은 방법으로 새 로고를 디자인한 것은 시러큐스가 산업도시에서 후기산업 도시로 이미지를 바꾸려는 데 쓴 하나의 수단이었다.

출처 : Short *el al.*(1993)

사진 6.2b 1986년 시러큐스 로고

한다면, 지역 내에 전문가와 숙련 기술을 갖춘 인력이 풍부하다는 인상을 심어 주는 것이 중요하다. 따라서 산업 및 업무 커뮤니티, 교육 커뮤니티 간의 연계가 판촉 소재로써 강조된다. 이러한 이미지들은 고급 인력 및 우수 인력이 풍부함을 보여 준다.

토론 주제

도시에 의해 판촉된 이미지가 도시 간에 유사해져 점점 별 차이가 없어지고 있다고 생각하는가? 이것이 경제의 세계화 및 도시 생활과 경관의 동질성을 보여 주고 있는 하나의 징후라고 보는가?

생활양식의 이미지

도시 판촉은 사무 업무의 입지뿐만 아니라 거주 장소로서의 입지 판매도 포함한다. 사람들에게 어떤 지역이 매력적이라는 것을 보여 주려면 업무의 기회뿐만 아니라 그에 걸맞은 생활양식 또한 동일하게 제공된다는 사실을 제시하는 것이 중요하다. 생활양식의 이미지들은 문화와 환경, 이 두 가지 요소를 기반으로 하는 경향이 있다. 여가 시간의 활용은 장기적인 재입지 및 단기 사업 결정(예 : 컨벤션 장소 결정), 관광 의사 결정 등 의사 결정 과정에서 점차 중요한 측면으로 부각되고 있다.

도시가 판촉 전략에서 사용한 문화의 개념은 매우 한정적인 의미의 개념이며 전반적으로 '고급 문화' 라 일컫는 것으로 구성된다. 고급 문화는 일반적으로 극장, 발레, 클래식 음악, 갤러리, 박물관 등과 같은 오락거리로 구성된다. 대중적인 장소에서 부유한 중산층의 고급 전문직과 같은 매우 한정된 계층에게나 관심을 끌 수 있을 것 같은 활동들이 나타난다. 여기에는 고급 와인바, 식당, 술집, 디자이너 쇼핑 시설, 영화관, 나이트클럽 등이 포함된다. 이것들은 고급스럽고 세련된 여가 시설이 풍부하다는 것을 보여 준다.

환경의 이미지

문화 이미지를 구축하는 데 있어 매력적인 환경 이미지를 창출하는 것은 필수적이다. 전통적으로 도시의 환경은 매우 부정적으로 인식되었다. 19세기 대규모의 산업화와 도시화로 영국과 북미 도시의 이미지는 더럽고 혼잡하고 불량한 환경이라는 유해한 이미지들이 지배적이었다. 더구나 최근의 경제 불황과 환경 오염, 이너시티의 사회적 불안 및 주변부의 주택 문제로 만들어진 이미지들은 도시의 매력을 반감시켰다. 많은 도시들이 이러한 문제로 여전히 어려움을 겪고 있으며 몇몇 도시는 다른 도시들보다 더 극심한 어려움을 겪고 있다.

지방 정부는 이에 대처하기 위해 판촉 캠페인에서 도시 환경을 '재창조' 하거나 '재이미지화' 하고자 했다. 이는 긍정적인 환경 이미지들의 결합, 즉 세 가지 요소(건축물, 교외, 시골 이미지)의 결합을 통해 실현되었다.

건축물

건축물의 이미지는 화려함과 역사성, 두 가지 이미지를 강조하는 경향을 보인다. 도시 재생의 선도적 프로젝트로서 미래 지향적이며 화려하고 포스트모던한 건축물들은 진취적이며 역동적인 도시라는 것을 보여 준다. 역사적인 건축물의 이미지는 지방 정부(시청)와 예술(갤러리, 콘서트홀)을 통해 도시의 전통과 역사를 보여 준다.

교외

교외의 이미지는 주로 가정적인 것을 의미한다. 멋진 단독주택, 잘 다듬어진 잔디, 잘 보존된 정원 등이 이러한 이미지들을 보여 주며, 이는 동시에 안전하고 살기 좋은 장소라는 것을 의미한다.

시골

가까운 곳에 그림 같은 시골이 있다는 사실은 판촉의 소재로 자주 강조된다. 시골은 도시로부터의 탈출구를 제공하고 휴식과 취미(골프, 요트, 등산, 산책)를 즐길 수 있는 장소도 제공한다.

도시 판촉은 성공적인가?

장소 판촉 캠페인이 기업 이전과 투자 결정에 영향을 미치는 데 성공적
이었는지를 일반화하는 것은 어렵다. 관리자와 의사 결정자의 반응은 매
우 다양하다. 건전한 경제적 토대가 기반이 된다면 광고는 그들의 의사 결
정에 그다지 영향을 미치지 않을 것이라고 주장하는 사람들에서부터 광고
가 노동력과 고객의 인식 형성에 중요한 영향을 준다고 논하는 사람들에
이르기까지 매우 다양하다. 지방 기관 및 여러 다른 기관들이 주도하는 장
소 판촉 과정의 중요성이 강조됨에도 불구하고 일반적으로 생각하는 것보
다 도시 이미지는 기업 이전과 관련된 의사 결정 과정에 그다지 중요한 요
인이 아니라고 여겨지고 있다. 영(Young)과 레버(Lever)는 맨체스터로 이전
한 기업들의 설문 조사에서 중앙 맨체스터 개발기업(Central Manchester
Development Corporation)은 각종 사무실 입지 요인 항목에서 도시 판촉 이미
지를 1위로 뽑았으나 실제 그곳으로 이전했던 회사의 주요 관리자들은 9
위라는 낮은 점수를 주었다고 발표하였다(1997 : 337). 기업 관리자들은 이

미지와 관련된 요인들은 다른 요인들, 예를 들면 사무실 공간의 적합성과 특성, 사무실 공간에 소요되는 비용, 고객과의 접근성과 같은 요인들보다 중요하지 않다고 판단하였다. 이것은 장소 판촉 기획사들이나 지방 정부가 생각하는 것보다 도시 판촉 이미지 자체가 사실상 그다지 중요하지 않다는 것을 의미한다. 그러나 이것은 장소 판촉이 더 이상 구산업도시들의 경제 재생을 위한 하나의 전략으로써 기능하지 못한다는 것을 보여 주는 것은 아니다. 오히려 도시는 지방, 지역, 국가 그리고 국제 시장에 다른 이미지를 마케팅하고 불분명한 컨텐츠를 현란한 이미지 판촉을 통해 내용을 조절하는 등 마케팅 전략을 수정할 것이다. 하지만 어떤 시장에서 판촉 이미지가 중요한지에 대해 의구심을 불러일으킬지라도, 구산업도시와 같은 다른 핵심적인 시장들에서는 여전히 관광 사업, 비즈니스 관광 사업 및 판촉 이미지가 매우 중요하게 여겨질 것이다. 잠재적 소비자의 의사 결정 과정에 있어 이전은 결코 영구적인 것이라 할 수 없고 심지어 일시적인 문제로 여겨질 수도 있지만 이미지는 여전히 핵심적인 역할을 한다. 효율성에 대한 여러 의구심에도 불구하고 장소 판촉은 계속해서 이루어지고 있다. 공공 및 민간 투자를 유치하기 위해 도시 간 경쟁은 점점 더 과열된 양상을 보이고 있다. 따라서 만약 장소가 고객의 요구에 부응하여 광고하지 못한다면 그 장소는 더 이상 주목을 끌지 못할 것이다.

결론

도시의 이상적 이미지를 판촉하려는 시의회는 민간 부문의 요구와 인식에 중

점을 두었기 때문에 발생한 판촉의 사회적 결과와 그로 인해 실제로 가난한
사람들의 상황이 더욱 더 악화될 수 있다는 사실을 간과하였다.

(Hambleton 1991 : 6)

판촉 캠페인으로 만들어진 도시의 이미지는 매우 선택적이다. 이러한
이미지는 긍정적 이미지를 강조하고 매력적이지 않거나 부정적인 이미지
는 제외한다는 데 토대를 두고 있다. 도시 이미지를 만드는 과정이 투명하
지 않다는 논란이 많았다. 장소 판촉의 이미지는 현재 도시화 과정에서 매
우 중요하게 간주된다. 소수의 부유한 엘리트를 위한 도시 마케팅에 있어
서 가난한 사람들의 요구는 무시되었다는 논란도 있다. 몇몇 지리학자들
은 판촉 캠페인과 도시 재생으로 만들어진 도시의 긍정적 이미지가 도시
문제의 진실을 은폐하는 가면 역할을 했다고 논했다.

도시 변화의 모든 과정에서 그 이익과 문제점들은 균등하게 분배되지

프로젝트 아이디어

친숙한 마을이나 도시에서 역사적이면서도 현대적인 장소 판촉의 소재를
선택해 보시오. 도시의 이미지가 시간의 흐름에 따라 어떤 방식으로 어떻
게 변하였는가? 소재의 분석을 통해 도시 변화를 설명할 만한 원인을 제
시할 수 있는가? 도시 변화를 시류와 취향에 근거하여 생각할 수도 있을
것이다. 예를 들어 시류와 취향이 산업에 대한 이미지와 태도의 변화에 어
떻게 영향을 주었는지를 생각하는 것이다. 마을이나 도시가 판촉하고 있는
시장은 판촉된 이미지에도 영향을 줄 것이다.

않는다. 다음 장에서는 도시가 탈산업화의 스트레스에 대체하기 위해 경제, 경관 이미지들을 어떻게 재개발하고 재생해 왔는지를 고찰할 것이다. 8장에서는 이런 과정에 의해 나타난 새로운 사회문화적 지리를 살펴볼 것이다.

에세이 주제

- 장소 판촉은 절박한 도시 문제로부터 주의를 환기하려는 목적으로 상상의 이미지를 창출한다. 이를 논하시오.
- 도시에 의해 판촉된 이미지들은 현재와 미래의 도시 모습을 제시하는 등 점점 더 열성적이다. 이미지의 문제가 어느 정도까지 도시의 물리적·문화적 개발을 주도하는가?

주제별 읽을거리

- 도시 판촉에 대한 다양한 사례를 찾을 수 있는 문헌은 다음과 같다.
Gold, J. R. and Ward, S. V. (eds) (1994) *Place Promotion: The Use of Publicity and Marketing to Sell Towns and Cities*, Chichester: Wiley.
- 일반적인 논의의 관점에서 장소 판촉을 파악한 문헌은 다음과 같다.
Holloway, L. and Hubbard, P. (2001) *People and Place: The Extraordinary Geographies of Everyday Life*, Harlow: Prentice-Hall (chapter 7, 'Representing place').

▪기업의 관점에서 도시 마케팅을 조망한 문헌은 다음과 같다.

Kotler, P., Asplund, C., Rein, I. and Haider, D. H. (1999) *Marketing Places in Europe: Attracting Investment, Industry and Tourism to Cities, States and Nations*, London: Financial Times/Prentice Hall.

▪모든 종류의 시각적 재료들을 다양한 방식으로 분석하여 제시한 문헌으로는 다음이 있다.

Rose, G. (2001) *Visual Methodologies*, London: Sage.

▪장소 판촉의 역사를 총망라한 문헌은 다음과 같다.

Ward, S. V. (1998) *Selling Places: The Marketing and Promotion of Towns and Cities*, 1850-2000, London: E and F.N. Spon.

웹 자료

Glasgow City Council Website: www.glasgow.gov.uk

Birmingham Online: www.birmingham.or.uk

Online Bibliography, City Marketing:

http://www.nottingham.ac.uk/sbe/planbiblio/bibs/urban/09a.html

chapter 7

최근 도시의 변화

Recent urban change

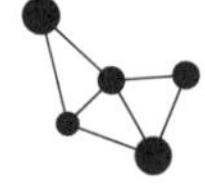

5가지 주요 개념

- 서구의 많은 도시들에서(어떤 경우에는 그 지역을 넘어서) 광범위한 포스트모더니즘으로의 변화가 발생하였다.
- 도시의 포스트모던화는 새로운 건축학적 형태와 도심 공간에서 확실하게 나타난다.
- 일반적인 이너시티의 이미지는 좀 더 복잡한 실체를 나타낸다.
- 교외 지역은 변화의 근본적인 지역이라기보다는 과정의 부분에 속하는 지역이다.
- 후기교외개발 문제는 21세기 도시지리학 분야에서 좀 더 많이 다루어 져야 할 것이다.

서론

최근 유럽과 북미에서 도시 형태 및 유형의 명백한 변화에 관한 많은 글들이 나타나고 있다. 이들 논의는 대부분 '포스트모던 도시', '후기산업도시', 혹은 '포스트포디스트(post-Fordist) 도시' 등과 같은 새로운 도시 형태의 출현에 초점을 두고 있다. 포스트모던 도시는 버제스의 동심원 모델(1925)과 호이트의 선형 모델(1933) 등에서 설명한 근대 도시와는 구조, 지

포스트모던 도시에 대한 몇 가지 관점들

도시에 대한 전통적 사고는 단지 그림엽서 상의 랜드마크 표시, 그리고 빌딩 및 공간들의 외형적인 겉모습에만 관심을 두었다. 그러나 오늘날의 도시는 오래전부터 이러한 한계를 확실히 뛰어넘었다. 자동차 이용의 증가는 도시의 끝없는 무정형적 팽창으로 나타났는데, 이와 더불어 거의 모든 곳에 고층 건물과 거대한 쇼핑몰이 나타나고 있다.

(Sudjic 1993 : 104)

자세히 살펴보면 모든 사람들이 일반적으로 세인트루이스(St. Louis)에 대해 떠올릴 수 있는 모든 것을 찾아볼 수 있다. 즉 마일마다 비스킷색으로 들어선 주택 단지, 갈라진 길들, 거무튀튀해진 빅토리아풍 공장들과 텅 빈 대지의 자줏빛 도시 흉터들. 그건 버려진 땅이었다. … 내 옆의 다른 참가자들은 또 다른 도시의 모습을 함께 보고 있었다. 그들은 카디널스(Cardinals)의 멋진 새 홈구장, 높은 유리 빌딩 블록인 스타우퍼 리버사이드 타워(Stouffer's Riverside Towers)를 강조하고 있었다. 그 주변의 침체 지역에서 싹을 틔우는 외로운 생명만이 나를 슬프게 했다. 쓰레기 더미 위에 심어진 몇몇 가냘픈 제라늄(geranium)만으로는 정원을 만들 수 없다는 사실 말이다.

(Raban 1986 : 329~330)

가 패턴, 사회지리적 접근, 경관 측면 등에서 확실히 다르다. 20세기에 발달한 근대 도시에서는 토지 이용과 사회집단의 동질적인 구역이 나타나며, 도시 중심에서 멀어질수록 지가도 일정하게 하락하는 특성을 나타낸다. 그러나 1980년대 초반 이후 도시지리학자들은 이러한 개념의 도시는 구시대적이며, 새로운 도시 형태가 출현하고 있다고 논의하고 있다. 학자들 간에 의견 차이가 있긴 하지만, 새로운 도시가 형태상 분절적이며, 구조적으로 무질서하고, 이전 도시들과는 다른 도시화 과정에 의해 형성되었다는 것에 대해서는 대체로 동의하고 있다. 이러한 새로운 도시 형태에는 '성운형 대도시(galactic metropolis)'라는 별칭이 붙어 있다(Lewis 1983; Knox 1993). 이 개념은 도시가 하나의 일체화된 실체를 갖는다기보다, 환경적으로나 경제적으로 저개발된 공간을 대상으로 수많은 대규모의 특징적인 주거 및 상업용 개발을 통해 이루어진 도시를 말한다. 성운형 대도시는 단일 중심에서 점차 외연적으로 성장한 기존의 단일 대도시 개발(unitary metropolitan development)이라기보다 오히려 우주에서 떠돌아다니는 별들의 패턴을 닮았기 때문에 붙여진 이름이다.

모던 도시와 포스트모던 도시 논쟁

모더니티로부터 포스트모더니티로의 명백한 전환에 관한 논쟁이 사회에서 광범위하게 이루어지고 있고, 그 논쟁의 결과 건축과 도시 연구에서부터 영화, 문학 비평, 패션에 이르는 다양한 분야에서 엄청난 양의 글들이 쏟아져 나오고 있다. 이 절에서는 도시에 적용되는 논의의 주요 특성들을 간략하게 요약하고자 한다. 도시화의 포스트모던 형태가 모던 형태를 대체하는 실제적 특성과 범위는 도시마다 굉장히 다양할 것이다. 이 두 도시화 과정은 서로 밀접한 관련성을 가지면서 독특한 결과를 만들어 낼 것이다. 예를 들면, 모든 도시가 근대적이거나 산업적이지는 않았다는 점이다. 영국의 더럼(Durham)이나 요크(York) 등의 많은 도시들은 아직도 전산업 시대의 구조를 간직하고 있다. 마찬가지로 포스트모던적인 도시화 속에서도 많은 도시들이 근대적·산업적 구조를 간직할 것이다. 실제로 많은 도시들에서 근대 도시의 성격들이 새로운 포스트모던 도시 형태와 어우러져 나타난다. 예를 들어 최근에 재개발된 도크랜드 지역은 포스트모던적 과정에 거의 영향을 받지 않은 넓은 이너시티 지역으로 둘러싸여 있다. 대부분의 경우 도시의 전반적인 구조는 아직까지 산업 자본과 도시 계획에 의한 근대적 도시화 과정을 반영하고 있다. 그러나 모던적인 구조 내에서 새로운 도시 형태가 출현하기 시작했으며, 도시 내부 공간의 재편성과 재조직화가 시작되었다는 증거들이 나타난다(Cooke 1990 : 341).

도시의 모더니티–포스트모더니티에 대한 논의의 주요 특성은 표 7.1에 요약되어 있다.

새로운 도시 형태는 아무런 이유 없이 그냥 나타나는 것이 아니다. 새로운 도시 형태는 복잡한 경제·정치·사회·문화적 과정의 가시적 결과로서 드러난 것이다. 우리는 도시 경관을 이러한 맥락 속에서 이해해야만 한다. 그 이유로는 다음의 두 가지를 들 수 있다.

첫째, 서술(description)을 통해서는 도시화 과정을 제한적으로밖에 이해할 수 없으며 도시화 과정을 창출하는 근본적인 과정을 살펴볼 수 없다. 기술적인 설명과 연결하여 근본적인 과정들을 상세하게 검토하는 것이 중

표 7.1 모던 도시와 포스트모던 도시 : 특성 요약

모던	포스트모던
도시 구조	
–동질적인 기능적 지구 –탁월한 상업 중심지 –중심에서 멀어질수록 점차 하락하는 지가	–무질서한 다결절 구조 –고도로 특징적인 개발로 이루어진 중심부 –빈곤의 넓은 ‘바다’ 지역 –첨단산업 회랑 –후기교외개발
건축, 경관	
–기능적 건축 –건축 양식의 대량 생산	–절충주의적 ‘콜라주’ 건축 양식 –극적임 –익살스러움 –모순적임 –문화유산의 활용 –전문가를 위한 생산
도시 정부	

–관리주의적 : 사회적 목적을 위한
  자원의 재분배
–필수적 서비스의 공공 공급
	–기업가주의적 : 국제적으로 이동하는 자본과
	  투자 유인을 위한 자원 이용
	–공공 부문과 민간 부문 간의 협력
	–서비스의 시장 공급

경제	
–공업적 –대량 생산 –규모의 경제 –생산에 기반을 둠	–서비스 부문에 기반 –틈새시장을 겨냥한 유연한 생산 –범위의 경제 –세계화 –텔레커뮤니케이션에 기반 –재정 –소비지향적 –새롭게 발전된 주변 지역에서의 고용
계획	
–총체적으로 계획된 도시 –사회적 목적을 위해 형성된 공간	–사회적 목적보다는 미학적 목적을 위해 설계된 공간적 분절
문화와 사회	
–계층 분화 –커다란 집단의 내적 동질성	–고도의 분절화된 생활양식의 분화 –커다란 사회적 양극화 –소비 패턴에 의한 집단의 구분

요하다.

둘째, 도시가 이러한 과정상의 변화를 반영한다고 말하는 것이 사실일지라도, 이것은 상호 관련성의 반쪽만을 설명하는 것이다. 국제 경제·정치·사회·문화적 변화가 아무런 저항 없이 도시에 그대로 나타나지는 않는다. 오히려 국지적 측면에서 변화의 흔적들은 불균등하며 차이가 있다. 도시 내의 제도와 주체 및 사회집단들은 종종 변화를 반대하고 저항하며 또한 잘못 받아들이기도 하지만, 반대로 이를 촉진시키기도 한다. 이러한 과정의 적용과 지역집단 사이에 일어나는 긴장은 지역적 수준에서 전개되는 세계화 과정의 결과를 반영한 것이다. 따라서 도시는 도시화 과정의 본질을 반영할 뿐만 아니라 이에 영향을 미치는 데 능동적인 역할을 하는 것이다.

도시의 전환인가?

위에서 개략적으로 언급한 논의는 주로 포스트모던 도시화의 전형으로 알려진 몇몇 도시들에 근거한 것이다. 로스앤젤레스, 뉴욕, 워싱턴, 런던, 도쿄가 여기에 해당된다. 이러한 논의의 다양한 측면들은 이미 2장에서 상세하게 논의하였다. 국내 경제 및 국제 경제에서 이들 도시의 영향력이 날로 커지고 있긴 하지만, 서구 대다수 도시의 도시화 경험을 대표한다고는 말할 수 없다.

이들 도시들은 각각의 뚜렷한 차이에도 불구하고 공통적으로 비슷한 특성들을 지니고 있다. 그 중 가장 중요한 점은 이들이 모두 세계 도시(world cities 또는 global cities)로서 서로 연계된 세계 경제와 세계 문화를 통제하고 조정하는 지점이라는 사실이다(Hamnett 1995; Knox 1995). 따라서 새로 출현한 도시화 형태의 핵심이 바로 이들 도시이며, 새로운 도시 형태에 대한 모델이 이들 도시를 근거로 했다는 것은 놀랄 만한 일이 아니다. 모델 주창자의 우려에도 불구하고 몇몇 가정들은 이러한 모델의 개발과 이용에 든든한 기초가 되고 있다. 이 모델을 선택된 일군의 도시에 적용할 경우, 이것은 맨체스터와 시카고처럼 산업 혁명의 충격을 받은 도시(shock cities)에 기초한 산업도시 모델을 20세기 서구 도시의 일반적인 도시화에 적용하려고 했을 때와 거의 유사한 문제점이 발생한다.

최근 몇 년 동안 로스앤젤레스와 뉴욕과 같은 도시를 만들어 냈던 도시화 과정을 서구의 다른 도시에 똑같이 적용할 경우, 모델의 유용성에 심각한 문제점이 제기된다. 이 장에서는 위에서 언급한 도시화 모델의 적용 가능성을 검증하고자 한다. 이를 위해 1970년대 후반 이후의 도시화 과정을 살펴볼 것이다. 이 장에서는 도시화 모델을 지지하거나 부정하려는 것이 아니라, 좀 더 구체적이고 전향적인 비판을 시도하는 것이다. 여기서는 이 도시화 모델을 적용할 것인가, 그렇다면 어떻게 적용하며 어떤 방식으로 21세기 도시 변화의 청사진으로 제시할 것인가 하는 문제를 제기하려는 것이 아니다. 대신, 모든 도시 지역들이 모델이 제시한 대로 변화할 것인가, 그렇지 않다면 그 이유는 무엇인가, 모델의 핵심인 도시화 과정(다른 장에서 논의한 대로)들이 도시 계층(도시들 간의 관계)과 도시의 내부 구조에 어떠한 방식으로 영향을 미치고 변화시킬 것인가, 이로 인한 공간적 결과는 무엇인가 하는 문제와 관련된 질문을 던지고자 한다.

이 장에서는 포스트모던 도시화가 도시의 특정 부분에 미치는 영향을 살펴보고자 한다. 주로 영국을 중심으로 도심, 이너시티, 교외 지역과 '후기교외 지역(post-suburban areas)'에서 일어나는 최근의 도시 변화 현상에 초점을 두고자 한다. 이를 위해 앞에서 언급한 도시 변화를 이해하는 틀을 채택할 것이다. 1970년대 후반 이래의 도시 변화가 창출되고 규제되며 소비되는 방식을 검토하고자 한다. 도시 변화를 연구하는 이러한 틀은 특히 도시지리학자인 폴 녹스(Paul Knox)가 잘 연구하였는데(1991; 1992a; 1993), 그는 주로 워싱턴과 근교의 '끊임없이 변화하는(restless)' 경관을 연구하였다. 녹스는 일반적인 맥락 속에서 특정 관찰을 위치지음으로써 최근 여러 다른 지역의 도시 변화 과정을 이해하는 유용한 통찰력을 제시해 준다.

도시화의 생산

1980년대 초반 이후 네 가지의 주요 변화가 도시화의 생산에 영향을 미쳤다. 여기에는 건조 환경 투자 구조의 변화, 개발업과 건축 업무 조직의 변화, 건물 공급에 채택된 기술의 변화 등이 해당된다(Knox 1992a; 1993). 동시에 이러한 변화들은 도시 경관상에 수많은 새로운 형태를 출현하게 만들었다.

도시 개발의 주기는 부동산 시장의 경기를 반영한다. 때에 따라 투자를 통해 이익을 남기기도 하지만, 어떤 경우에는 그렇지 못하다. 도시 개발은 전자의 경우에 더욱 집중적으로 이루어진다.

1970년대 중반부터 1990년대 초반 부동산 침체기가 나타나기 전까지, 도시 재개발의 큰 흐름이 형성되었다. 이 시기에 도시 경관에 많은 변화가 있었다. 이 개발의 물결은 1973년 오일 쇼크에서부터 불붙기 시작하였다. 이 시기 석유 가격의 상승으로 오일 달러가 서구 경제로 대량 유입되었다. 이것을 마르크시스트적인 관점에서 살펴보면, 1차 부문의 과잉 투자로 더 이상의 이윤 창출이 어렵게 되자, 자본 투자가 더 나은 이윤 창출이 예상되는 2차 부문(부동산 부문)으로 전환된 것으로 해석할 수 있다. 이러한 투자 전환은 은행, 투자가, 개발 업자의 행위를 통해 이루어졌다. 상당수의 다른 투자 재원이 서구 경제로 유입되는 오일 달러를 보충하였다. 여기에는 제3세계 국가의 외채에서 발생하는 이자, 중동과 극동의 경제 성장 지역으로부터의 투자, 유럽연합 기금으로부터의 투자 등이 포함된다(Harvey 1989b; Knox 1992a; 1993 : 4~7). 이 기간 도시 개발의 상징적인(아마 매우 실질적인) 종말은 1992년 런던 도크랜드 카나리 부두(London Docklands Canary Wharf)의 개발업자였던 올림피아 앤드 요크(Olympia and York)의 파산이다. 1980년대의 과잉 투자가 1990년대 초반 부동산 시장의 붕괴를 초래한 것이다.

투자가 개발 속도를 가속화시킨 것은 사실이지만, 개발 형태와 특성, 도시 경관, 도시 형태 등에 나타난 흔적들은 다른 요인에 의해 결정되었다. 개발업은 최근 들어 상당한 변화를 겪고 있는데, 극히 소수의 초대형 기업으로 더욱더 집중되고 있다. 중소기업들은 대기업과의 경쟁과 합병 등을 통해 대부분 도태되었다. 개발업 부문 기업의 평균 규모는 증가하였다 (Knox 1993 : 5~6). 그 결과 도시 경관상에도 변화가 나타났는데, 이는 대기업들이 예전보다 대규모의 개발을 수행한 결과이다. 이것은 도시 경관상에 산재해 있는 수많은 새로운 대형 구조물에서 잘 나타나고 있다(Crilley 1993; Knox 1993 : 5~6). 대체로 세계 도시의 중심부 근처에 위치하며 경쟁이 과열

되고 있는 지역들을 살펴보면, 부동산 개발은 점점 더 국지적 활동의 범위를 벗어나고 있다(Strassman 1988; Leyshon *et al.* 1990; Knox 1993 : 6~7). 대신 이 지역의 개발은 국제 경제의 작용과 밀접한 관련을 맺게 되었다. 이러한 대형 구조물은 호황을 누리는 부동산 부문에 투자하려고 은행에서 엄청난 대출을 받았던 올림피아 앤드 요크처럼 주로 대규모 다국적 개발업자들에 의해 개발되었다(Knox 1993; Sudjic 1993 : 34). 뉴욕의 배터리 파크(Battery Park), 로스앤젤레스의 캘리포니아 플라자(California Plaza)와 런던 동부의 도크랜드 지역과 같이 종전의 침체 지역들이 이런 개발에 가장 적합한 입지로 각광을 받았다. 어떤 도시의 경관을 다시 만들고 새로운 방향을 제시하는 대규모 개발업자의 힘은 바로 엄청난 사업 규모와 경이적인 건축 양식으로 나타난다.

카나리 부두가 노골적인 상업적 기회주의에 의해 만들어진 반면, 비슷한 시기에 건설된 뉴욕의 세계 금융 센터와 로스앤젤레스의 캘리포니아 플라자는 적어도 도시 정부의 전략적 계획 가이드라인을 고려하였다. 하지만 계획가건 아니건 간에 이러한 모든 개발 사업들은 서구 도시가 지금의 모습을 하게 된 것에 대한 주된 책임이 계획가나 건축가가 아닌 부동산 개발업자에게 있다는 것을 설명해 준다. 대규모의 투기성 개발 사업들인 오피스, 쇼핑센터, 호텔, 고급 주택 등은 공공 주택이나 공공 관청의 건축 형태와는 다른 오늘날의 도시 구조를 형성하였다. 사업에 자금을 대어 주는 개발업자나 기관들은 어떠한 지역지구제가 있더라도 시행할 토지에 대한 매입을 결정하고, 토지 가격을 지불한다. 말 그대로 개발업자들은 건축가를 선택하고 예산도 결정한다.

(Sudjic 1993 : 34~35)

경제적 생산의 다른 부문이 컴퓨터 기술과 유연적 노동력을 생산 과정
에 통합시킴으로써 보다 유연해진 것처럼, 건조 환경의 생산도 마찬가지
이다(Knox 1991; 1993). 이것은 규모의 경제에 의존한 대규모 생산 방식에서
탈피하여 고수익 틈새시장의 이용을 지향하고, 가용 상품을 범위의 경제
를 통해 이익을 창출하는 유연적 생산 양식으로의 전환을 반영한 것이다
(Harvey 1989a). 이러한 개성화와 상품 차별화 현상의 강조는 새로운 상업,
소매업, 레저, 공업 및 주거 경관에 분명하게 나타난다(Knox 1993 : 7~9;
Grahama and Marvin 1996).

상품 차별화에 대한 강조와 건축 전문가 문화는 서로에게 강력한 영향
력을 가지고 있다. 건축은 초기 개발의 지침이 되었던 사회적 이상에서 점
점 벗어나고 있다(Jencks 1984; Harvey 1989a; Knox 1993). 전후 초반기에는 도시
계획과 마찬가지로 건축도 사회적 이상론으로 가득 차 있었다. 예를 들면
영국의 도시 환경 설계는 평등주의, 민주주의 사회를 만드는 데 중점을 둔
것이었고, 귀환하는 전쟁 영웅의 편의를 위한 것이었다. 그것은 복지 국가
의 사회복지 프로그램 및 영국의 국가 보건 서비스(National Health Service)와
더불어 전후 사회의 중심 규범으로서 자리 잡고 있었다. 건축은 단순한 물

리적 구조가 아닌 사회적 유토피아를 대표하는 것으로 받아들여 졌다. 스위스 건축가인 르코르뷔지에(Le Corbusier)의 '정주공간단위(*unit d'habitation*)'와 초기 전원도시운동이 여기에 해당된다.

대규모 기관 투자자와 투기적인 개발업자들이 참여하면서 건축의 사회적 비전은 사라져 버렸다. 건축은 단일 프로젝트 형태로써 고객의 요구를 만족시키는 것으로 변질되었다. 이는 장식적 설계와 현대 유행을 따르는 독특함, 언론의 이목을 끄는 유명한 건축가의 고용이나 대규모 개발에 의해 이루어지는 것이 전형적인 형태이다(Crilley 1993). 건축은 책임 있는 건축가와 함께 기업 광고의 한 형태가 되었다. 일부 급진적인 건축가들이 있음에도 불구하고, 건축은 예전의 사회적 목적과는 다르게 변하고 있다. 이러한 건축업계의 엄청난 변화로 인하여, 도시 경관이 (인공적으로) 분절화되고 있으며, 현재의 도시 혹은 사회적 맥락에서 벗어난 '극적인', '이미지적인', '원근법적인(scenographic)' 엔클레이브(enclaves, 고립지역)가 점점 더 확산되고 있다(Harvey 1989a; 1989b; Crilley 1993; Knox 1993).

도시화에 대한 규제

도시화에 대한 가장 중요한 규제 메커니즘은 계획 체계이다. 그러나 건축 문화와 같이 계획 문화도 점점 사회적 원형으로부터 벗어나고 있다. 여기에는 여러 가지 이유가 있는데, 전후 계획이 사회적 유토피아를 이루는 데 실패했다는 사실이 그 원인 중의 하나이다. 다수의 영국 도시에서 고층 주거 건축 구역의 실패는 계획의 실패를 보여 주는 대표적인 예라고 할 수 있다. 이것은 가장 열악한 주거 환경이 되었으며, 많은 경우 파괴 상태에 직면해 있다. 1980년대 신우파(New Right)는 개입주의 계획(interventionist planning)을 성공적이고 자유로운 시장 운용의 장애물로 여겼다. 신우파는 '시장 자유화'의 기치 아래 공공 부문의 완전한 개혁의 한 형태로 시장 운용에 대한 계획의 영향을 줄이고자 노력하였다. 영국의 도시개발공사와 같은 주체들의 계획 체계는 도시 및 경제 개발을 규제하기보다는 촉진하는 메커니즘이 되었다.

계획의 역할이 변하면서 도시 환경의 분절적 개발이 강화되었다. 이전의 계획 체계를 통해 도시 개발은 총체적으로 인식될 수 있었으며, 또한 광범위한 도시 맥락에서 파악될 수 있었다. 이와는 대조적으로 1980년대 영국 도시에서 영향력 있는 주체였던 개발업자들은 자신들의 개발 사업 이외의 것에 신경 쓸 필요가 없었다. 즉 자신들의 일에만 관심을 가졌다. 1980년대와 1990년대의 계획은 이와 같은 도시 개발의 분절적 접근을 강화한 측면을 지닌다.

도시 환경의 소비

도시 환경의 소비 패턴과 소비 행위상에 변화가 없었다면, 건조 환경의 생산·규제에서의 변화는 일어나지 않았을 것이다. 간단히 말해 새로운 도시 경관은 구매자가 없었다면 나타나지 않았을 것이라는 의미이다. 이처럼 수요와 공급 간의 관계는 복잡하다. 어느 것이 더 결정적인 영향력을 미치는지 말하기는 어렵지만 서로 보완적이란 것만은 확실하다.

현대의 도시 문화는 매우 소비 지향적이다. 경제적으로 여유가 있는 사람들에게 소비는 지위, 정체성, 구별 짓기의 중요한 척도이다. 소비가 어느 정도 이러한 기능을 가지고 있는 것은 사실이다. 그런데 1980년대 소비 패턴은 이전의 소비 패턴과는 분명히 다르게 배타성, 스타일, 독특함 등을 강조하게 되었다. 2차 세계대전 이후 지난 30년 동안 시장 최상부의 소비는 대량 생산된 상품의 소비로부터 벗어나고 있다. 1980년대의 소비 패턴은 생활양식 혹은 문화적 선호에 의해 결정되는 일련의 틈새로 분절화되었다.

소비 패턴의 분절화를 이해하기 위해서는 소비의 심리적 가치를 평가해야 한다. 소비는 개인과 사회의 정체성을 만드는 데 근본적인 부분이다. 이것은 상품과 아이디어의 소비뿐만 아니라 장소의 소비에도 동일하게 적용될 수 있다. 따라서 거주, 상업, 소매, 레저 등 소비하는 장소의 위치와 장소의 소비는 도시지리학의 중요한 측면이 된 것이다.

도시 문화에서 소비를 새삼 강조하는 것은 사회적 현상과 경제적 현상 때문이다. 첫째, 전후 베이비 붐 세대(1945년에서 1955년 사이에 태어난 사람)의 특징은 자의식의 탐구에 대한 강조이다. 이것은 1960년대 후반, 광범위하게 확산된 반문화운동들을 통해 어느 정도 충족할 수 있었다. 그런데 자의식과 자유를 가져다주리라 여겼던 반문화운동이 실패하면서 이들은 개인화된 소비 패턴을 추구함으로써 만족을 얻고자 했다(Knox 1991). '히피에서 여피로(from hippe to yuppie)'라는 말이 이러한 변화를 잘 말해 준다(Ley 1989). 둘째, 보편적인 경제적 특성인 경제적 기회와 소득의 양극화는 이들에게 타고난 사회적 지위에 상관없이 고용 스펙트럼의 상층부에 많은 일자리를 창출해 주었다. 이렇게 보이지 않는 사회적 지위가 만들어

졌고, 소비가 이 구조를 만든 메커니즘이었다(McCracken 1988; Knox 1991 : 183~186; 1993 : 19~25; Jackson and Holbrook 1995). 소비를 통해 사회적 지위를 얻고자 하는 수요가 많아지면서 핵심적인 도시 경관이 독특한 소비에 따라 다시 만들어졌다. 즉 도시에서 소비는 독특해졌으며, 독특한 입지가 소비되었다.

최근의 도시 변화

이 절에서는 지난 25년간 도시 형태와 도시 경관의 몇몇 변화들을 개괄적으로 살펴보고자 한다. 이를 위해 도심, 이너시티, 교외 지역 등을 차례로 검토하고 영국 후기교외개발의 등장을 국제적 개발 사례와의 비교를 통해 결론을 내리고자 한다.

도심

영국과 북미 도시들의 도심은 1980년대 초까지만 해도 상당히 열악한 장소로 변해 가고 있었다. 열악한 전후 계획과 디자인의 잔재로 황폐해지면서, 이 지역은 불량한 물리적 환경, 걸어 다니기 힘든 교통 체계, 쇠퇴하는 소매 환경, 밤이면 도시를 문화적 사막으로 만들어 버리는 사무 업무 주도적인 경제 등으로 대표되었다. 무엇보다 중요한 것은 이들 도시들에는 지역 경제에 긍정적 영향을 미치는 어떠한 경제 메커니즘도 없었다는 점이다.

그런데 1980년대 초반 이후 도심은 중요한 개발의 핵심이 되었다. 이 시기 광범위하고 포괄적인 도심의 재이미지화가 이루어졌다(Bianchini and Schwengal 1991). 이 과정에는 물리적 개선과 문화적 활성화라는 두 과정의 결합이 포함되어 있다. 도시의 재이미지화는 1980년대 도심에서 나타난 수많은 경관 요소와 발전한 공공 문화, 거리 문화생활의 촉진을 통해 도심 공간에 활기를 불어넣고자 했던 도시 정책에서 확연하게 나타난다.

거대한 선도적 개발

의심할 여지없이 1980년대 도심에서 나타난 가장 두드러진 경관 요소는 바로 극적인 혹은 선도적 개발(flagship development)이었다. 개발의 종류가 많기는 하지만 공통적인 것은 규모가 크다는 점과 시선을 끌고, 장식적이며, 극적이고, 혁신적이고, 전형적으로 포스트모던 건축의 중요성을 강조한다는 점이다. 선도적 개발에는 런던 도크랜드 카나리 부두에 있는 캐나다 타워, 버밍엄의 국제 회의장, 글래스고의 스코틀랜드 전시 회의장 등과 같은 컨벤션센터, 티스사이드(Teesside)의 리버사이드 스타디움, 미들즈브러(Middlesbrough) 축구클럽의 새 구장, 셰필드 근교의 국립 실내 아레나와 돈밸리 스타디움 같은 스포츠 스타디움, 핼리팩스(Halifax)의 딘 클로 산업파크와 같은 산업파크, 브래드퍼드(Bradford)의 국립 영화 · TV 박물관과 같은 박물관, 그리고 스포츠 경기, 문화 · 예술 · 정원 축제와 같은 일시적인 이벤트 전체가 포함된다. 이러한 개발과 이벤트들은 대부분 지방 정부와 민간 부문 사이의 민관 파트너십을 통해 시작되며, 유럽연합과 같은 기구들이 재정적 지원을 하기도 하였다. 이러한 국제적 사례로는 뉴욕의 배터리 파크 시티(Battery Park City) 재개발, 파리의 라데팡스(La Defense) 프로젝트와 그 밖에 로스앤젤레스, 휴스턴, 클리블랜드, 애틀랜타와 같이 이전에 별로 주목을 끌지 못했던 미국 도시에서의 다양하고 극적인 오피스 프로젝트 등이 있다.

이러한 개발은 가시적인 경제적 기능을 가질 뿐만 아니라, 비가시적이지만 중요한 상징적 기능도 가지고 있다(Bianchini *et al.* 1992). 이러한 개발은 원래 국지적 도시 환경과 경제의 재생을 촉진시키기 위한 촉매제 역할을 의도한 것이었다. 물리적으로는 이러한 개발을 통해 버려진 땅들을 다시 이용하거나 기존에 이용하고 있었던 토지 이용을 효율적으로 증진시킬 수 있게 되었다. 또한 이것은 그 유형에 따라 사람들을 끌어들이고, 소비와 고용 기회를 창출하는 경제적 '유인체(magnet)'로서 작용하는데, 이것은 이론적으로 광범위한 도시 경제를 자극하는 역할을 한다(Harvey 1989b). 또한 이런 종류의 개발은 종종 지방 정부에 의해 수립되는 다른 경제 개발 전략에 대한 자극제로서 작용하기도 한다. 선도적이라는 별칭이 붙게 된 것도 바로 이와 같은 파급 효과 때문이다. 이것은 도시 내에서의 다수의 소규모 개발을 유인하거나 자극시킬 뿐만 아니라 개발 효과를 도시 전체로 파급시키려는 정책 혹은 전략의 개발을 촉진시키기도 한다(Bianchini *et al.* 1992).

상징적으로 선도적 개발은 도시 미래의 변형, 이미지 형성에 부정적 측면으로 작용할 수도 있다(Bianchini *et al.* 1992 : 250; Crilley 1993; Hubbard 1996). 후기산업경제에서 이미지는 경제 재생의 필수적인 구성 요소이다(Watson 1991). 또한 선도적 개발은 도시 회춘의 중요한 상징으로서 도시가 건설되는 데 대한 새로운 이미지의 아이콘으로서 작용할 수 있다(Hubbard 1996). 선도적 개발의 '원근법적인' 혹은 '광범위한' 성격은 이러한 측면에서 중요하다(Crilley 1993; Knox 1993). 열정적인 지방 언론, 정치인 그리고 의원들의 참여는 이러한 노력에 필수적이다(Thomas 1994). 선도적 개발을 둘러싼 판촉 활동은 그 이면의 경제적 합리성도 부분적으로 작용한다.

먼저 이야기할 선도적 개발 유형은 미국에서 찾아볼 수 있다. 첫 번째 예로는 1950년대 후반 건설된 볼티모어의 다목적 사업인 찰스 센터(Charles Center)를 들 수 있다. 그 이후 수많은 도시 내 항만 지역(Inner Harbour area) 주변에 극적인 개발이 이루어지게 되었다(Bianchini *et al.* 1992 : 246). 볼티모어의 개발 모델은 1980년대 영국의 개발에 큰 영향을 미쳤는데, 버밍엄 중심부의 브로드스트리트 재개발 지역(Broad Street Redevelopment Area)이 가장 대표적인 예라고 할 수 있다. 여기에는 '브린들리플레이스(Brindley place)'에 관한 계획이 포함되어 있었는데, 브린들리플레이스는 볼티모어 항만 개발을 직접적으로 기초로 한 축제 소매 개발(festival retailing development)이었다.

선도적 개발은 보통 남의 이목을 끄는 경관(Knox 1992a) 안에 위치하는데, 이것은 선도라는 기능을 보완하기 위한 선도적 프로젝트와 관련되어 설계된다. 이러한 경관은 건축 혁신, 문화유산적 주제, 수변 지역 개발, 특별히 마련된 공공 예술 프로그램, 새로 설계되거나 혁신된 공공 광장과 같은 다양한 변환 형태로 나타난다.

영국적 선도적 개발 방식은 중앙 정부의 금융 지원을 기대한 것이라기보다 오히려 지방 정부를 더욱 기업가적으로 만드는 것이다. 또한 도시 내 자본 투자와 고용을 유인하도록 만든 정치적 여건 변화에 의하여 이루어졌다. 선도적 개발 모델은 이러한 목적을 달성하기 위한 성공적인 방법으로 보였다. 또한 선도적 개발은 현대 건축 기법과 계획 문화에 내재된 포스트모던 공간의 개념을 반영하였다. 이것은 '예술적 분절(artful fragments)' 혹은 '원근법적 엔클레이브(enclave)'로 간주될 수 있다(Crilley 1993). 즉 사회적 목적보다는 미학적 목적을 위해 만들어진 공간이다. 보다 넓은 도시에 이러한 특성이 경제적, 사회적, 문화적으로 고착될 것인가에 대한 검토는 거의 없는 실정이다. 사실 주위의 사회 조직(social fabric)에 통합되는 데 실패하면서 이것은 개발 자체에서 부의 독특한 배열과 이를 둘러싼 사회적·경제적 박탈이 존재하고 있음을 반영한 '절망의 바다에 있는 요트 선착장(Hudson 1989)'으로 표현되기도 한다.

축제 소매

도심은 전통적으로 중요한 소매 중심지였다. 1980년대에 소매업이 탈중심지화의 경향을 보이긴 했지만 도심 소매 경관의 일정 부분은 축제 구매 환경(festival shopping environment)의 확산을 통해 1980년대에 다시 부활하였다. 이러한 경향은 영국의 극적인 도심 재개발과 밀접하게 관련된다. 사실 많은 축제 구매 개발은 명실상부한 선도적 개발로 여겨지며, 북미의 도심에서 초기 개발로 나타났다.

축제 소매는 주제를 가진 환경 속에서 구매의 규모가 커진 것으로, 1980년대 이래 도시 문화에서 중요한 두 가지 경향이 충돌함으로써 나타난 산물로 간주될 수 있다. 즉 이전의 열악한 공간에 대한 물리적 재평가와 소비를 통한 정체성의 형성이라는 두 가지 조류이다. 축제 소매는 정체성을 형성하는 데 있어서 나타난 중요한 변화에 따른 결과라 할 수 있다. 최근 소매업의 붐은 부분적으로는 가처분 소득의 급격한 증가와 이 기간 동안 젊고 부유한 중산층들의 개인 신용 활용 가능성 확대에 의해 촉진되었다.

소비와 관련된 문화적 변화에서 소비는 단순히 필요에 대한 기능적인 충족뿐만 아니라 하나의 권리로서 중요한 레저 활동이 되었다. 따라서 소비 환경이 배타적 분위기를 띠고자 노력한다는 것이 중요하게 되었다. 이것은 역사적 인용과 혼성 모방을 채택한 장식적이며, 포스트모던한 디자인을 통해서, 쇼핑몰의 테마화를 통해서, 그리고 문화 자본이 역사적 관련성 또는 수변 입지에 있는 건물들의 이용을 요구하는 것을 통해서 이루어졌다. 이러한 개발은 레스토랑과 와인바를 포함하는 경우가 많다. 축제 소매는 시간과 공간의 소비가 디자이너가 만든 상품의 소비와 같은 공간 범위 내에서 실행되는 것이다(Harvey 1989a).

유산과 향수의 경관

과거 도시 경관의 개선, 혁신, 재이용, 재건 등은 현대 도시의 거의 보편적인 모습이 되었다. 이러한 유산과 향수의 경관은 다양한 형태로 나타난다. 도시 및 산업사 박물관, 다양하게 패키지화된 경관의 질 낮은 역사적 장식, 각종 산업 장비를 가로 시설물로 재활용하는 것과 같은 새로운 개발, 오래된 빌딩의 재건이나 상업·공업·여가·주거용 부동산을 제공하는 지구, 이너시티 재활성자들(gentrifier)의 자력 재건(do-it-yourself renovations) 등이 여기에 포함된다. 그리고 이러한 경관의 규모 또한 아주 작은 역사적 표시나 디자인의 장식에서부터 도심부 혹은 도심 주변에 있는 지구 전체의 완벽한 재건에 이르기까지 다양하다.

이처럼 영국의 새로운 도시 경관에서 드러나는 유산과 향수적 요소의 대중화는 이미 강한 보수적 전통과 많은 유산을 갖고 있으면서, 최근 새롭게 과거에 대한 향수와 이상화에 흥미를 보이는 국가 문화의 맥락에서 이해될 수 있다. 이러한 대중화는 문화유산 박물관, 향수를 불러일으키는 텔레비전 프로그램과 영화, 문학 작품, 광고 등을 비롯한 여타 미디어의 폭발적인 증가를 통해 분명해진다. 많은 사람들이 이러한 현상을 1970년대 중반 이후 근대 영국에서 만연하였던 끔찍한 상황으로부터의 도피로 설명하고 있다(Hewison 1987). 그런데 또 다른 보다 긍정적인 설명은 이러한 설명들이 지나치게 엘리트주의적이고 역사에 대한 대중적인 관념들을 간과했다고 주장한다. 초기 해석을 비판한 사람들은 문화유산 산업이 역사에 대해 보다 민주적이고 접근 가능한 경험을 제공한다고 주장하였다(Samuel 1994).

국제적 맥락에서 과거 경관의 현대 도시 경관으로의 통합도 건축과 도시 설계의 포스트모던적 변화와 일치한다. 즉 그러한 통합은 절충주의, 지역적 특수성, 역사적 인용을 통한 장식 등에 대한 포스트모던적인 열망을 만족시킬 수 있다. 유산, 보다 정확히는 유명한 역사적 건축으로 표현되는 도시 공간을 통해 과거를 명백하게 소유하는 것은 1980년대와 1990년대 도시 공간의 소비자들에게 굉장한 매력을 주는 값비싼 상품으로 판명되었다.

문화적 활성화

위에서 설명한 물리적 변화가 '새로운' 도시의 재이미지지화에 대한 틀이 될 수는 있지만, 모든 도심 재생에 필요한 것이 물리적 변화만은 아니다. 확실히 1980년대 많은 도시 중심부의 대중문화는 매우 빈약하였다. 영국과 북미의 대도시 중심부는 겨우 업무와 쇼핑을 위한 공간만을 제공해 줄 뿐이었다. 활동적인 대중문화 생활은 도시 공간의 성공적인 재생에 필수적인 것으로 간주되었다. 이와는 대조적으로 유럽 도시들은 활발하고 생동감 있는 대중문화로 유명하였다. 영국과 북미 도시들에 존재하던 대중문화를 위한 문화 공간들이 1980년대 초반까지 전반적으로 열악한 도시계획의 유산으로 인해 평가절하되거나, 적어도 대중의 인식에서는 반사회적인 행위에 의해 점유되었다. 1980년대 이러한 도시들에서 도시 대중문화의 회춘은 도시 중심부의 공공 공간을 물리적으로 개선하고, 도시 중심부의 접근성과 안전을 향상시키고 자유스러운 야외 이벤트를 활성화하려는 일련의 지방 정부 정책에 의해 이루어졌다. 이러한 정책으로는 가로등설치, 걸을 수 있는 길 만들기, 허가 시간(licensing hours)의 완화, CCTV의도입, 교통 체증 및 대중교통수단의 개선 등을 들 수 있다(Bianchini and Schwengal 1991).

거리 극장이나 뮤지컬 공연과 같이 특별히 후원된 대중 예술과 다양한오락 프로그램을 위해 시의회는 새로운 혹은 재디자인된 공공 광장을 제공하였다. 버밍엄은 1990년대 도시 중심부에 두 개의 시민 광장을 계획하였다. 대중 예술을 위해 이 두 광장에 많은 예산이 소요되었다. 셰필드에서도 튜더 광장이 자유로운 공공 이벤트를 위한 장소로 바뀌었다.

이상에서 살펴본 디자인과 정책의 변화는 도시 경제와 도시의 문화적삶의 향상에 있어서 '야간' 경제('night-time' economy)가 중요하다는 인식에서 나온 것이다(Montgomery 1994). 이것은 도시 문화를 이전보다 더 유럽적인 것으로 만들려는 치밀한 시도라고 할 수 있다.

요새 경관

데이비스(Mike Davis 1990)는 그의 중요한 저서인 『수정의 도시 : 로스앤젤레스의 미래*City of Quartz: Excavating the Future in Los Angeles*』에 로스엔젤레스에서 나타나는 비인간적인 도시 생활, 빈곤층과 소수민족에 대한 억압에 대해 전쟁 특파원들의 기사처럼 서술하였다. 그는 1980년대와 1990년대 흑인 갱단과 약물 중독자, 노숙자 등과 같은 '다른' 부류들로부터 위협을 느낀 중산층과 상류층의 피해망상증으로 나타난 로스앤젤레스의 여러 재구조화 방향에 대해 서술하였다. 그 결과는 강력하게 거주지 안을 보호하는 상류층과 그로 인해 공간적으로 분리된 교도소 같은 도시의 형성이었다. 데이비스는 그의 저서에서 이러한 도시 경관인 요새 경관은 점점 더 일반적인 현상이 될 것이라고 처음으로 인정한 사람 중 하나이다.

요새 경관은 안전, 보호, 감시와 차단을 중심으로 디자인된 경관 전반에 대한 용어라고 할 수 있다. 수용할 수 있는 다른 개념으로는 보안과 방어, 과대망상증적 경관을 포함한다. 그는 도시 경관이 오랜 시간 동안 군사적 목적과 같은 다양한 방향으로 도시의 형태가 요새화됨에 따라 요새 경관은 포스트모던 도시화의 특성으로 정의된다고 주장하였다.

물리적인 안전 시스템과 부수적인 사회적 경계에서 만들어진 정책들에 대한 집착은 1990년대에 출현한 건조 환경을 완벽하게 설명하는 도시 재구조화의 시대정신이 되어 간다.

(Davis 2003 : 202)

데이비스 도시의 예는 도시의 교외 커뮤니티를 둘러싼 출입구의 이용과 상업 지역과 거주 지역의 감시 시스템, 무장 경비의 보급, 공공 공간, 대중의 삶과 어메니티 등의 노출, 보행과 교통 시스템 디자인에 있어서 새로운 것들과 오래된 혹은 낡은 지역과의 접촉을 축소 또는 방지하는 것 등을 포함한다. 또한 중산층과 상류층은 편협하고 사회적으로 동질적인 집단을 위한 특징적인 공간을 형성하고자 상징적인 구조와 대중 예술을 이용한다 (Miles 1997; Hall 2004).

1980년대와 1990년대 로스앤젤레스에 대해 데이비스가 행한 다양한 방향의 선구적인 연구는 도시에서 요새 경관의 출현에 관한 많은 중요한 측면을 보여 준다. 그의 주장에 따르면 도시 재구조화를 움직이는 수많은 두려움들은 실제보다 더욱 높게 인지된다. 이것은 전형적으로 인종차별적인 미디어와 정책 입안자에 의해 주도 되는데, 이들은 안전과 질서에 대한 위협, 도시 인구들 사이의 도덕적 패닉 발생을 특정 그룹으로 묘사한다. 이러한 위협에 대한 날조와 정책 입안자들의 대항, 정책 입안자들과 선정적인 미디어의 공모 등은 도시와 국가 정부가 사용하는 일반적인 전략이다. 또한 데이비스는 요새 경관이 내부적·외부적인 현상에서 모두 나타난다고 인지하였다. 내부적으로 둘러싸이고 보호되는 이들의 피해망상증은 경관의 형성에 용이하게 작용한다. 역으로 보자면 사회적으로 여러 종류의 다른 그룹들이 서로 미디어만을 통해 접촉하면서 나타나는 상호 관계의 축소는, 보호 받는 이들로 하여금 안전에 대한 필요성의 확대를 영구화시킨다. 외부적으로 요새 경관은 도시 인구의 큰 비중을 차지하는 위험한 스페인어 사용자 거주 지역과 게토 지역에서 배제와 억업의 커다란 부분으로 출현하였다. 마지막으로 그는 피해망상증과 안전, '다른' 것들의 배제에 대한 욕망은 도시 경관의 재구조화에 있어서 중요하게 작용하여 로스앤젤레스와 그 밖의 도시에 있어서 도시 정책과 깊게 연관됨을 주장한다.

> 그리 놀랍지 않게 다른 미국 도시들의 지방 정책은 공격에 대한 안전과 중산층의 공간적인 증가, 사회적인 단절 요구로부터 이루어진다. 실질적인 전통적 공공 공간과 위락에 대한 투자 중단은 우선 기업적으로 재정립된 재개발 같은 물리적인 자원으로 이동한다.
>
> (Davis 2003 : 204)

도시지리학의 많은 부분에 있어서, 로스앤젤레스는 도시 재구조화 과정에 있어 극단적인 사례이다. 그가 처음으로 로스앤젤레스 도시 생활의 요새화에 관해 언급했을 때인 1990년대 초반 그의 관점은 미국과 그 밖의 주요 도시들 중에서도 거의 손에 꼽히는 일부 거주자에 한해 인식된 것이었다. 그의 저서는 현실적이라기보다는 과학소설이나 반이상향주의적 영역에 속하였다. 그러나 『수정의 도시 : 로스앤젤레스의 미래』 이후 1990년대 로스앤젤레스에서 그가 처음으로 관찰했던 과정이 현재는 로스앤젤레스의 도시지리에 뿌리를 내렸고, 또한 전 세계적으로 발전된 현재 많은 다른 도시들의 과정에 나타나 이제는 이와 같은 사고가 널리 퍼지고 있다. 많은 도시들의 도시지리적 특징을 보면 요새 경관이 나타난다. 예를 들면, 들어갈 수 없는 입구, 새롭게 건축되는 고급 주거지 개발이나 특히 도시

그림 7.1 영국 버밍엄의 안전하고 고급스러운 이너시티 거주지 개발

중심부, 내부 도시 지역에 가까운 재개발 지역의 개발 건축물들에 있어서 출입과 접근의 전자 컨트롤이 공통된 요소로 증가하였다. 그리고 방범 시설과 CCTV 카메라는 유럽 도시 중심부의 유비쿼터스적인 특성이며, 거주 지역 내에서 공통적으로 증가하는 사항이다(Speake and Fox 2002 : 15). 피해망 상적인 것이 아닐지라도, 안전의 측면은 도시 경관에 있어서 변화를 유도 하는 중요한 힘으로서 그 의미가 증가하고 있다.

이너시티

포스트모던 도시의 형태와 특징에 관한 논의에서 이너시티는 전통적으로 '절망의 바다(sea of despair)'로 그려진다. 이너시티는 공식적인 경제 메커니즘과 전통적인 사회적 통제 및 규제 형태로부터 버려진 지역으로 묘사된다. 통제의 형태보다는 황혼 혹은 비공식 경제, 폭력과 협박에 근거한 사회로 대체되었다고 말한다. 이러한 이미지는 사우스센트럴로스앤젤레스와 같은 지역에서 사회적·인종적 소요에 대한 보도를 통해 처음으로 나타났다. 이러한 이미지들은 사실적인 것과 허구적인 것, 몇몇 학문적인 보도를 포함하며, 다양한 모든 언론 매체에서 중요하게 보도되었다. 이너시티의 이러한 악몽과 같은 이미지는 1980년대 초 이래 많은 영국 도시의 도심 지역에 대한 설명에서 나타나기 시작하였다. 이너시티는 포스트모던 도시의 어두운 면을 대표하며, 도시 중심부의 극적인 재개발과는 극명한 대조를 이룬다. 그러나 중요한 것은 이러한 표현에 의해 자극된 도덕적 공황이 이너시티의 생활의 실체를 가리게 해서는 안 된다는 것이다.

이너시티는 공식적인 지리적 정체성과 은유적 정체성 모두를 가지고 있다. 지리적으로 이너시티는 도시 중심부와 교외 지역 사이의 지역으로, 전통적으로 버제스와 호이트의 지리적 모델에서는 '황혼 지대' 혹은 '점이 지대'로 언급되었다. 이 지역은 고밀도 주택 지역으로 대개 19세기 후반까지 거슬러 올라가는 테라스형 주택과 지방 정부에 의해 시행된 주택 재개발이 혼재하는 곳이다. 이 지역은 과거에 문을 닫고 교외로 이전함으로써 이너시티에 또 다른 문제를 만들어 냈던 중공업 지역과 인접하여 성장하였다. 이너시티는 주로 노동자 계층 및 이민자 집단 거주 지역과 관련된다. 그러나 이러한 지리적 정의는 은유적 정체성에 의해 압도되었다. 엄격하게 한정된 지구제와 산업도시의 도시 형태의 내부적 유사성은 최근에 와서 어느 정도 해소되었다. 그 결과 '이너시티'라는 용어는 특정한 지리적 입지보다는 이너시티의 전형으로 빈번히 잘못 인식되고 있는 일련의 사회, 경제, 환경 문제를 지칭하는 것이 되었다. 그런데 이러한 문제들은 지리적으로 도시 내부 지역에서 일어났던 것 같이 도시 외곽의 시영 주택 단지에서도 일어날 가능성이 있다.

이너시티는 항상 도시 하위 계층의 환경으로 간주되었다. 그런데 최근의 해석에서 두드러진 것은 도시 하층 계층의 존재와 이너시티와의 관계이다. 이너시티는 도시와 관계가 없는 것이 아니라 도시의 한 구성원으로 간주되었다. 이것은 경제적 양극화와 상위 계급과 하위 계층 간의 연계 단절에 대한 광범위한 논의를 불러왔다. 이너시티는 비시민권자와 소외된 사람들이 상상했던 악몽같은 환경이 된 것이다.

도시의 공간적·사회적 형태에 대한 이러한 도덕적 공황은, 최근 설계된 워싱턴과 로스앤젤레스의 부유한 중산층을 위한 교외 거주지에서 나타난 새로운 도시 형태로 바뀌기 시작하였다. 로스앤젤레스의 파크라브레아(Park La Brea)와 시티워크(City Walk) 같은 이러한 거주지들은 자산의 유지·보호·안전에 대한 중산층들의 욕망을 보여 준다(Bekett 1994). 빈곤층을 이방인 또는 위협자로 인식함에 따라 이러한 '요새'나 '피해망상적' 건축이 나타났다(Soja 1996 : 204~211). 이와 같은 공황은 이들 지역에 대한 언론의 선택적 보도, 예컨대 이 지역에서 발생한 뉴스 가치가 있는 범죄 및 폭력, 마약, 갱, 그리고 확연한 사회적 붕괴 등에 초점을 맞춘 보도에 의해 심화되었다.

이러한 이너시티에 대한 인식은 서비스 공급과 소외의 지리적 특성에서 잘 나타난다. 이너시티는 지속적으로 기본적인 보건, 복지, 교육, 금융 등의 서비스가 양적으로나 질적으로 가장 과소 공급되는 지역이다. 예를 들어 은행의 경우 고객의 소득에 근거해서 '선별(cherry picking)' 하는 정책을 채택하려는 경향이 강하게 나타나고 있다. 이것은 필연적으로 금융 서비스에 대한 접근성으로 표현된다. 이러한 정책은 두 가지 방식으로 설명된다. 첫째, 이너시티 근처 지점들은 문을 닫고 좀 더 부유한 사회적 계층이 거주하는 지역으로 옮겨 가는 등 금융 서비스의 입지적 특성이 변하고 있다(Leyshon and Thrift 1994). 둘째, 전산망에 의해 처리되는 은행 업무의 비중이 증가하고 있다. 1988년 미들랜드 은행은 영국 최초의 전산 은행인 퍼스트 다이렉트(First Direct)를 세웠는데, 이 은행은 전자 텔레커뮤니케이션을 사용하여 모든 서비스를 제공하고, 지점을 소유하지 않으며 오직 하나의 중심 사무실을 가지고 있다. 은행 고객은 소득에 따라 특별히 선택되는데, 일정 소득 이상의 고객에게만 관심을 갖는다(Graham and Marvin 1996 : 149~150). 따라서 이들 고객의 분포는 가난한 지역보다는 부유한 지역에 집중되어 있는 전통적인 은행 지점 분포와 일치한다. 이러한 과정을 '금융 배제(financial exclusion)' 라고 한다(Leyshon and Trift 1994).

이러한 이너시티에 대한 태도는 새로운 것이 아니다. 현대 이너시티에 대한 다양한 표현들은 많은 점에서 영국과 미국의 빅토리아 시대 중산층들의 표현과 매우 유사하다. 빅토리아 시대의 급격하고 거의 통제되지 않은 도시들의 성장은 범죄, 사회적 무질서 그리고 질병에 대한 공포를 중심으로 한 일련의 도덕적 공황을 창출하였다(Coleman 1973; Mayne 1993). 이들은 당시 풍자가, 저널리스트, 사회 개혁가들의 주요 관심 대상이었다.

이너시티의 좀 더 엄격한 지리적 정체성으로 돌아가면, 위에서 논의되었던 '절망의 바다'의 예가 분명히 존재하고 있다. 그런데 이런 이미지는 검증되어야 한다. 이너시티는 이러한 이미지가 제시하는 것보다 훨씬 다면적인 실체로 나타난다. 첫째, 모든 이너시티가 절망의 바다를 이루고 있다고 간주하는 것은 너무 지나친 단순화이다. 이너시티에는 드러난 것보다 더 많은 것이 감추어져 있다. 둘째, 이너시티가 현재 상황보다 더 악화될 것인가 하는 의문이다. 이너시티들은 절망의 바다로 가는 일정한 궤도를 따라 진행되고 있는가? 이너시티와 관련되어 있는 문제들이 대체로 전형적으로 악화되고 있다는 증거가 있긴 하지만, 이러한 경향을 보편적인 현상으로 말하는 것은 궤도의 엄청난 다양성을 너무 단순화시키는 것이다. 이너시티 지역의 조건에 경제적 요인이 영향을 미치는 것이 일반적이기는 하나, 경제적 요인은 지역적인 것에 의해 중재된다는 사실을 무시할 수는 없다. 일반적인 것과 지역적인 것의 상호 작용을 통해 지역적 차이의 다양한 모자이크가 나타난다. 이너시티 지역의 경제 · 정치 · 사회 · 문화적 상황은 그들이 서로 상호 작용하고 있는 일반적인 경제 과정만큼이나 중요하게 강조되어야 한다. 결과적으로 모든 이너시티 지역 혹은 도시 외곽의 시영 주택 단지는 분명히 경제적 쇠퇴, 사회적 혼란과 와해로 도시의 다른 지역보다 상대적으로 조건이 악화되고 있지만, 그럼에도 불구하고 실제적으로 일반 언론의 보도와 일치하지 않는 곳이 많이 있다. 심지어 경제적, 사회적, 환경적 문제로 악명 높은 지역들에서도 그런 조건들이 보편적이지 못하다. 그러한 지역조차 언론 보도와는 반대로 내부적으로 이질적이다. 그러한 지역 내 상황은 보편적으로 끔찍하다는 것과는 매우 거리가 멀다.

이너시티 지역에 대한 언론의 묘사는 선택적이고 부분적이다. 개념상 뉴스거리가 되는 것은 예외적인 것들이다. 일상적이고 매일 일어나는 일들은 신문이나 TV에 보도되지 않는다. 언론의 보도는 현실로 잘못 인식할 수 있는 예외적인 것들만을 고려하는 위험을 지닌다. 이것은 이너시티 지역과 도시 외곽 주택 단지에 치명적으로 작용한다. 일반적으로 도시 지역의 환경과 기회가 양극화되고 있긴 하지만 지역 차원에서는 이런 과정들이 절망의 바다와 같이 단순화된 이미지들로 잘못 표현되었다기보다는 지역의 복잡한 모자이크로 구체화되는 것 같다. 이너시티 지역은 복잡한 것으로 인식되어야 하지만 이러한 복잡성에 대한 상세한 설명은 이 절의 범위를 벗어난다. 이 절에서는 그보다 이너시티의 특성을 평가할 수 있는 이론적 틀을 제공하고자 한다.

이너시티의 도심재활성화

도심재활성화(gentrification)는 부유하고 대체로 젊은 주민들이 퇴락한 이너시티 지역으로 이동하는 것을 지칭하는 개념이다. 그들이 이주함으로써 이 지역은 사회·경제·환경적으로 상향된다. 도심재활성화는 1980년대 초반 이후 진행된 지리적 논의와 토론의 대상이 된 과정이다.

중산층 주민들이 이너시티 생활의 분주함에 매료되었다기보다는 물리적 퇴락으로 인해 매우 저렴한 가격으로 이용할 수 있는 특유한 건축물에 부수된 문화적 자본에 이끌렸다는 주장이 있다(Fincher 1992). 그런데 이러한 관점은 도심재활성화의 본질, 범위 그리고 영향에 있어 상당한 차이를 감추고 있다. 비록 도심재활성화가 북미와 호주의 많은 도시들과 더불어 런던을 제외한 일부 영국 및 유럽의 도시들에서 나타나기는 하지만, 그다지 명확하지는 않은 것 같다. 젊은 중산층의 전문직 종사자가 아니라 저렴하고 넓은 작업 공간을 원하는 예술가(Zukin 1988)와 도심의 고용 기회와 대중교통에의 좋은 접근성을 선호하는 여성들도 재활성자로 확인되었다(Rose 1989; Fincher 1992 : 107). 지방 정부들은 이너시티 지역을 재활성화하고 다각화하기 위한 방법으로 구공업 지역을 예술가와 문화 산업의 작업 공간으로 제공하는 등 도심재활성화를 지원하는 일련의 활동들을 촉진시켰다. 잘 알려진 도심재활성화의 한 측면은 기존 노동자 계급 주민들에게 미치는 잠재적 영향이라고 할 수 있다. 이러한 영향에는 새로운 집단이 공동체 공간에 진입함으로써 주택 가격이 상승하고 이는 노동자 계층을 대체하는 사회적 부조화를 포함한다. 이 같은 문제는 도시개발공사가 주도한 런던 도크랜드의 도심재활성화와(Rose 1992) 부동산 산업이 주도하고, 시정부가 지원한 뉴욕 로어이스트사이드(Lower East Side)의 도심재활성화에서 잘 나타난다(Reid and Smith 1993). 확실한 것은 도심재활성화의 범위, 다양성, 기관 간의 연계와 영향 등이 간과되어서는 안된다는 점이다(Smith and Williams 1986; Hamnett 1991).

교외 지역

교외 지역은 도시 통근권 내에 위치하면서 도시와 연계된 외곽 지역으로 정의할 수 있다. 일반적으로 이 지역은 연속적인 시가화 지역을 형성한다. '교외 지역'은 도시가 외부로 확장되면서 도시 주변에 건설된 주거 경관이 탁월한 지역을 말한다. 도시 거주 인구의 교외화는 트롤리버스, 기차, 자동차 등 교통 기술의 발달과 밀접하게 관련되어 나타난 20세기적 과정이다. 국제적으로 교외 지역은 중산층과 숙련 노동자 계층의 거주 경관이 되었다.

단조로운 규칙성을 나타내는 이미지로 부담스럽기는 하지만 도시들의 교외 지역 혹은 하나의 단일 도시의 교외 지역은 사실 상당히 다양한 모습을 보인다. 이러한 다양성은 대부분 교외 지역이 발달한 시기(Whitehand 1994)와 시장(Knox 1991; 1992a; 1993), 물리적 환경, 개발에 참여한 건축가와 개발업자들 그리고 지역 도시 계획의 틀과 운영 체계(whitehand 1990)가 서로 다르기 때문에 나타난다. 변화하지 않는 규칙성의 이미지와는 대조적으로 교외 지역은 변화의 복합적인 과정을 보여 주는 역동적인 경관이다(Moudon 1992; Whitehand *et al.* 1992).

교외 지역의 개발과 변화

교외 지역은 20세기를 거치면서 시역 확장을 통해 외부로 확대되는 경향을 보였다. 대체로 사회·경제·기술적 요인과 관련하여 도시 내에서 여러 성장 단계를 파악할 수 있다. 이 시기들은 독특한 경관을 만들어 낸다. 영국의 경우 빅토리아 시기, 1·2차 세계대전 기간, 2차 세계대전 후 그리고 최근 개발기로 단계를 구분할 수 있다. 그리고 각 단계는 특징적인 독특한 경관을 형성한다.

이러한 개발 단계가 꾸준히 외부 지향적이긴 했지만 모두 다 매끄럽게 이루어진 것은 아니다. 교외 지역 개발의 속도와 스타일은 주택 건설 주기상의 변동과 밀접하게 관련된다. 예를 들어 자금 조달 능력, 대출 이자율, 주택 수요 등과 관련된 주택 건설 경기의 침체는 보통 지가를 떨어뜨리며, 건설 중인 주택의 양과 주택 규모, 대지의 규모, 다른 유형의 주택, 교외 지역의 토지 이용 등에 많은 영향을 미친다. 침체기에는 보다 넓은 대지에 저밀도로 더욱 많은 주택을 건설하거나 관공서, 상가 건물과 같은 비주거용 빌딩을 건설하며, 스포츠 시설, 놀이 시설과 같은 조방적 토지 이용이 가능하다. 건설 침체기에 형성된 특징적인 경관을 환상 주변 지대(fringe-belt)라 한다. 건설 활황기에는 외부 지향적 개발의 속도가

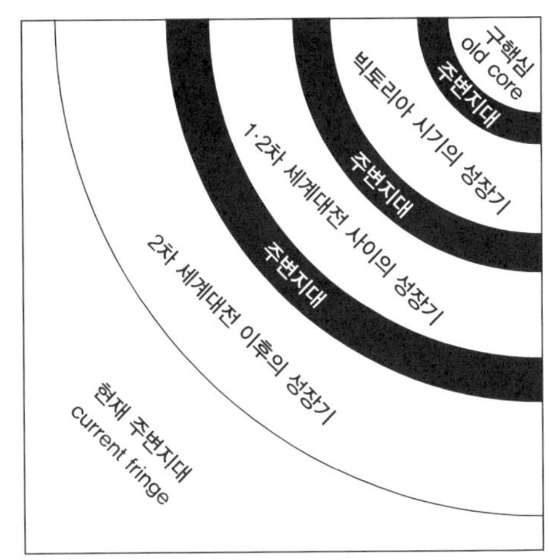

그림 7.1 교외 지역 개발 모델 /
출처 : Whitehand(1994 : 11)

빨라지고 주택 밀도가 높아지며 비주거용 토지 이용이 줄어드는 경향을 보인다(Whitehand 1994).

교외 지역의 개발 형태에 영향을 미치는 또 다른 중요한 요인으로는 건설 및 교통 기술의 혁신과 이를 채택하는 속도를 들 수 있다. 교통에서 다양한 혁신 채택과 주택 건설 활동의 폭발 간에는 특히 밀접한 연관이 있으며, 때문에 활황기마다 독특한 경관이 형성된다는 것은 명백하다.

부가적 성장, 건설 주기의 변동, 건설 및 교통 혁신 등과 같은 여러 가지를 포함한 교외 지역 개발 모델을 제안할 수 있다(그림 7.1 참조).

최근 교외의 변화

도심의 역동적인 변화와는 대조적으로 최근 영국 도시의 교외 지역은 획기적이기 보다는 점진적인 변화를 보이고 있다. 교외 주거 지역은 한번 세워지면 정적으로 있기보다는 계속 변화한다. 영국의 교외 지역 경관은

1970년대 중반 이후 시역 확장, 대체, 일신, 전환, 보전 등의 과정을 겪으면서 변모하였다. 영국의 교외 지역 경관 변화에서 가장 중요한 것 중 하나는 시골 대저택의 정원처럼 넓은 구역의 나대지 등을 활용하는 방향으로 단독주택이 아파트와 같은 다가구용 주거지로 전환되었다는 것이다. 이런 과정들이 영국 전역에 널리 퍼져 나타났지만 특히 남동부 지역의 교외 지역에서는 주거 밀도 상승 압력이 가장 높게 나타나는 등 지역에 따라 차이가 나타났다(Whitehand 1994). 이러한 과정은 자동차의 급격한 보급에 의해 촉진되었고, 역으로 모터카의 보급을 촉진시켰던 20세기 전반기 교외 지역의 급격하고 포괄적인 외부 지향적 팽창과는 분명한 대조를 보인다.

기존의 영국 교외 지역 재개발과 신주거지 개발은 21세기 초반 중요한 도시 계획의 논제가 될 것이다. '이런 집들이 어디로 갈 것인가?' 하는 의문이 생긴다. 기존 주택 재고(housing stock)는 수적으로 수요 증가에 충분히 대응하지 못할 뿐 아니라 새로운 수요에 적절한 유형의 주택을 제공하지도 못할 것이다. 영국 교외 지역의 외연적 확장은 핵가족으로 구성된 '이상적인' 가구를 전제로 진행되었다. 그런데 영국에서는 이러한 이상적인 유형과 다른 유형의 가구들이 증가하고 있다. 다른 가구 유형으로는 편부모 가구, 대가족, 결혼과 출산을 미루는 커플, 독신 생활자 등을 들 수 있다. 이러한 인구 변화는 다양한 유형의 주택에 대한 수요를 유발하였다. 다른 유형의 주거지는 이러한 새로운 수요에 부합하도록 대부분 소규모의 도시 주거지에 집중될 것이다. 또한 녹지 지역에 신도시나 신주거지를 건설하는 것이 새롭게 각광을 받게 되었다.

도시의 외연적 확장은 1938년 그린벨트 정책과 같은 규제적 도시 계획 정책의 도입에 의해 억제되었다. 그린벨트 정책과 이의 변용은 도시 간의 빈 녹지를 보존하기 위해 설계되었고 도시 사이의 농촌 지역을 파괴하는 무분별한 도시 팽창을 방지하기 위한 것이었다. 1970년대 후반 이후 그린 벨트 정책은 상당한 반대 압력에 직면하였지만 아직까지 도시의 성장을 강력하게 억제하는 수단으로 남아 있다.

교외 지역의 의미

영국의 교외 지역은 상당히 독자적인 물리적 정체성을 가지고 있을 뿐 아니라 독특한 문화적 정체성도 지니고 있다. 이것은 영국 교외 지역이 많은 중요한 문화적 가치의 저장소라는 증거이다. 영국 문화는 19세기 중반 이후 오랫동안 강한 반도시적 경향을 나타내는 반면, 영국 농촌 지역의 이상화된 외면적 아름다움에 대해 강한 경외심을 보여 주었다. 교외 지역은 농촌성(rurality)의 좋은 점을 취하면서 도심 가까이 살고자 하는 욕망에 부응하는 것으로 해석할 수 있다. 교외 지역은 도시의 핵심적 부분임에도 불구하고 정원과 같은 물리적 디자인과 그들의 명칭, 판촉, 재현을 통해 농촌적인 것이 복합되어 나타나는 곳이다(Gold and Gold 1994).

고요함, 평화, 공동체, 안전, 삶의 느긋함, 가정적인 생활 등(Eyles 1987)과 같은 계속된 이미지의 조정은 오랫동안 중산층이 농촌의 전원에 대해 가졌던 가치가 교외 지역에 스며들었음을 확연히 보여 주었다. 이러한 정체성은 페미니스트 지리학자들에게 비판의 핵심이 되었다.

교외 지역에 대한 지리적 관점

지리학자들은 각기 상반된 관점에 따라 교외 지역을 수많은 해석을 통해 설명하였다. 이들은 서로 상이한 관점을 가지기 때문에 해석에서 경쟁하는 것이 아니고, 도시와 교외 지역 연구를 위해 채택한 경제·사회·문화·심리적 관점을 다양하게 강조하는 것이다.

마르크시스트 지리학자들은 1·2차 세계대전 사이와 2차 세계대전 후에 일어난 미국, 캐나다, 호주 및 영국 도시들의 대규모 교외 지역 팽창을 자본주의 경제의 잠재적 과잉 축적 위기를 해결하기 위한 시도로 해석하였다. 그들은 공업을 포함하는 1차 부문의 과잉 축적이 중앙 정부의 경제 정책과 은행의 대출 활동에 의해 부동산 개발을 포함하는 2차 부문으로 자본 전환이 이루어지면서 해결되었다고 주장한다. 그리고 그들은 자본 전환이 교외 지역 팽창을 촉진하는 부동산 개발 붐을 창출했다고 주장한다.

이와는 대조적으로 인본주의 지리학자들과 페미니스트 지리학자들은 교외 지역 개발의 바탕에 깔린 문화적 전제들과 경관에 대한 비판을 발전시켜 왔다. 인본주의 지리학자들은 교외 경관 디자인의 독창성 부족, 경관의 단조로움 그리고 지역적 차별성의 부족을 강조했다. 그들은 이로 인해 안전과 소속감 등에 대한 인간 감정의 심리적 필수 구성 요소인 '장소감'을 경관에 넣지 못했다고 주장했다. 지리학자들과 사회학자들은 이러한 관점을 획일적인 물리적 외관과는 아주 판이한 일상적 경관에 대한 다양한 애착을 무시하는 엘리트주의적인 관점이라고 비판하였다.

페미니스트 지리학자들은 교외 지역 경관의 생산과 판촉에 내재된 성차별주의적 고정관념을 공격하였다. 교외 지역 주택과 경관의 디자인과 묘사는 가정적 생활, 소비, 여가에 대한 인식을 증진시켰다. 이것은 이들 경관이 남성들의 자동차 독점과 열악한 대중교통수단 때문에 매일 이 지역에 갇혀 있는 여성들에 의해 대부분 유지되고 있다는 사실을 은폐한다고 페미니스트 지리학자들은 주장한다. 이러한 경관의 이상을 유지하는 데 필요한 노동을 은폐하는 교외 지역의 이미지는 가사 노동을 '실제(real)' 노동으로 간주하지 못하게 하는 이유 중 하나이다. 페미니스트들의 비판은 교외 생활의 이상에 대한 가치 있는 대안을 제공한다.

영국의 후기 교외 개발

미국 주요 도시 외곽의 경관을 관찰한 사람들은 '후기교외(post-suburban)'라는 새로운 형태의 주거 경관이 나타나고 있음을 인식하기 시작하였다. 새로운 주거 경관의 개발은 전통적인 교외 거주 지역과 근본적으로 다른 포괄적이고, 사적이며 종합계획적인 개발을 포함하고 있다. 이 개발은 부유한 소비자를 겨냥하고 있다. 개별 주거지는 보통 규모가 크며, 넓고 잘 꾸며진 땅에 위치한다. 개별 주거지의 디자인과 전체 계획의 조경은 이상화된 영국적 농촌 영역에 대한 개념에서 빌려 전통과 농촌적 영역성이라는 사고에 기반하고 있다(Knox 1992a). 이러한 개발은 판매되고 미개발 상태에서 이름이 붙여지며, 일반적인 도시에 있는 광범위한 편의 시설을 계획한다. 편의 시설도는 타운센터(town centre), 공공 광장, 경찰서, 소방서, 도서관, 극장, 미팅홀, 학교, 우체국 등을 들 수 있다. 이들은 모두 개발의 전체적인 주제에 맞게 설계되었다. 높은 지가, 도심 무질서, 무선 정보 통신 등에 의해 이심화된 오피스와 상점을 비롯한 시설들은 이전의 '중심' 상업 기능이 집중해 있었던 지역과 같이 가까운 곳이나 그 주변에 위치한다. 후기교외개발은 전통적 교외 지역에서 나타난 도시 지역의 확장이라기보다 도시의 대안적 형태라고 할 수 있다. 이들 도시는 대부분 여러 행정 구역에 걸쳐 있어 공식 통계와 국세조사신고(census returns)로 집계되지 않기 때문에 '에지시티(edge-cities)' 혹은 '스텔스시티(stealth-cities)'로 불린다 (Garreau 1991; Knox 1992a; 1992b; 1993).

후기교외개발의 특징은 개발이 민간 부문에서 시작되었다는 점과 1980년대 개발 붐에 의해 촉진되었다는 점, 그리고 단일 개발업자가 디자인을 통제했다는 점 등이다. 미국에서는 이러한 후기교외개발이 도시지리학의 중요한 주제로 부상하고 있다. 주요 도시 주변에서 이러한 개발이 확산되면서 전통적인 개발 형태가 붕괴되었고 '성운형 대도시'라고 일컬어지는 새로운 도시 형태가 출현하였다(Lewis 1983; Knox 1993).

영국 도시의 중간 주변 지역과 그 외곽 지역들은 소매업과 공업적 토지 이용의 이심화, 업무 단지와 산학 연구 단지의 개발, 그리고 주택의 외연적 확산에 따른 많은 개발이 이루어지는 곳이다. 영국에서 에지시티가 아닌 '스프레드시티(확산형 도시)'로 불러야 할 만큼 에지시티가 잘 발달된 예로 런던과 그 주변의 남동 지역을 들 수 있다. 남동 지역에서의 왕성한 경제 활동은 런던에서 시작되는 여러 축을 따라 발달되었다. 여기에는 3개의 자동차 전용 도로축을 포함한다. 하나는 런던에서 길퍼드(Guilford), 베이징스토크(Basingstoke)을 거쳐 사우샘프턴(Southampton)에 이르는 M3축이고, 두 번째는 히드로 공항에서 슬라우(Slough)와 레딩(Reading), 스윈든(Swindon)을 경유하여 첼튼엄과 브리스틀에 이르는 M4축(1970년대 중반 이후 설립된 새로운 첨단 기업의 60%를 포함하는 축)이며, 세 번째 축은 연구·개발 및 항공 우주 지향적인 축으로서 하트퍼드(Hertford)에서 시작하여 트리니티 대학(Trinity College)에 의해 설립된 캠브리지 사이언스 파크(Cambridge Science Park)에 이르는 M11축이다. 이 지역의 구조 재편은 알더

마스턴(Aldermaston), 판버러(Farnborough, 항공기), 하웰(Harwell, 핵무기)과 같은 정부 연구소의 입지와 밀접하게 관련되어 있다. 이 지역은 요크, 랭커스터 등 북부 지방의 많은 역사적 도시와 마찬가지로 기술적으로 진보된 생산 방식과 현재 부상 중인 많은 부유한 '서비스 계층(사업주, 관리자, 전문직 종사자)'의 사회적 구성에 기반한 경제를 발전시켜 왔다. 이러한 개발은 영국 도시의 모습에 상당한 영향을 미쳤지만, 지리학자들이 주장하듯이 미국과 같은 해체는 아니었다. 남동부 지역에 이런 형태의 개발이 집중되고, 영국 다른 지역의 전반적인 도시 형태에 대해 제한적인 영향을 미치는 등의 현상은 영국 에지시티 시대의 전조라기보다 영국 도시 내의 예외를 드러내는 것으로 보인다. 도시 문화생활의 중심으로서 도심의 재발견과 향후 재택근무의 실제 비중이 기술이 제공하는 잠재력에 미치지 못할 것이라는 예측은 영국의 도시 형태가 아직 후기교외의 도시 형태로 대체되지 않았다는 전통적인 관점을 뒷받침하는 것이다. 유럽의 도시 외곽이 도시 개발 연구의 중요한 초점이 되고는 있지만, 미국과 유럽 도시 체계의 차이점을 무시한 채 미국 후기교외개발에서 비롯된 이론적 관점을 단순히 도입하는 것은 무리가 있다고 본다. 기존 도시의 외곽에서 나타나고 있는 새로운 도시 형태를 이해하기 위해서는 유럽과 북미의 차이와 유럽 도시 체계 내의 차이를 평가하는 것이 필요하다(Keil 1994).

포스트모던 도시화 : 도시 변화에 대한 청사진인가?

이번 장에서는 도시화 과정의 뚜렷한 변화인 '포스트모던화(postmodernisaton)'와 이로 인해 나타나는 형태를 살펴보고자 하였다. 이러한 포스트모던화의 산물은 북미 일부 지역, 특히 로스앤젤레스와 워싱턴처럼 첨단 기술 지향적인 세계 도시에서 확연히 나타난다. 개괄적으로 영국의 도시 경관을 고찰해 보았지만, 포스트모던 도시 경관이 그렇게 대규모로 등장하지는 않았다. 도심이 다른 세계 도시와 같은 방향으로 변하고 있는 예로는 런던을 들 수 있다. 이러한 현상은 탁월한 세계적 금융 중심지로서의 위상과 밀접하게 관련되어 있다. 반면에 교외 지역과 주변 지역은 첨단 기술 산업의 부상과 관계된 경제·사회적 재편의 좋은 본보기로 나타나는데, 이는 풍부한 연구 시설, 이용 가능한 노동력, 쾌적한 교외 지역의 환경과 관련되어 있다. 그러나 이것이 영국 도시 체계에서 보편적으로 나타나는 것이 아니라 예외적인 현상이라는 것을 지적하고 싶다. 확실한 것은 포스트모던 도시 형태의 예를 어디에서나 찾아볼 수 있다는 것이다. 즉, 서비스 지향적이지만 역사적인 랭커스터와 요크의 주거지들, 그 외 대부분의 모던한 도시 형태에서 나타나는 포스트모더니즘의 흔적, 사회·경제적 침체 지역으로 둘러싸인 도심의 극적인 재개발 등이다. 그러나 영국의 도시 경관이 확실하게 포스트모던하다고 말하는 것은 정확하지 않다. 즉, 영국의 많은 도시 주거지가 포스트모더니즘이라는 시대적인 힘의 영향을 받은 것은 아니다. 이와 유사하게 유럽과 호주 대부분의 도시들도 전체적이라기보다 부분적으로 도시 형태가 변화되었다. 도시화의 다른 측면과 마찬가지로 포스트모던 도시화는 하나의 단순하고 보편적인 궤도가 아닌 국지적으로 매개된 일련의 복잡한 궤도로서 나타나고 있다.

부분적인 변화에 대한 세 가지 논거가 있다. 첫째, 포스트모던 도시화 과정은 일반적인 과정이지만, 이것은 국지적 상황에 따라 달라진다. 그 결과는 그 지방의 사회 · 경제 · 문화적 조건과 특수한 상황에서의 개인적인 행위자에 의한 매개 효과에 좌우된다. 포스트모던 도시화의 일반적 과정이 자동적으로 아무런 문제없이 포스트모던 도시의 생산으로 진행되는 것은 아니다. 둘째, 도시는 변화의 수동적 수용자가 아니다. 도시화의 일반적 과정이 도시 경관에 흔적을 남기려고 하지만 그러한 과정은 저항에 직면하게 되고 기존 도시 경관의 유산과 결합된다. 도시들은 쉽게 유연해질 수 없으며, 무한정 유연하지도 않기 때문에 일반적인 도시화 과정의 진행에 상당한 영향을 미친다. 다시 한번 말하지만 포스트모던 도시화의 일반적 과정이 진행된다고 해서 필연적으로 도시의 변화로 이어지는 것은 아니다. 마지막으로 도시 계층과 개별 도시들은 내부적으로 이질적이다. 도시화의 일반적 과정은 이러한 내적 차이의 유형을 통해 굴절된다. 결국 몇몇 도시와 도시 지역들이 포스트모던 도시화의 영향을 받긴 하지만 다른 지역들은 그렇지 않다. 결론적으로, 우리들이 일반적인 도시 변화를 목격하고 있다는 주장은 더 검토할 필요가 있다. 이러한 변화의 원인으로 인식되는 도시화의 새로운 과정은 실제로 도시 간, 도시 내에서 지역적으로 다

프로젝트 아이디어

포스트모던 도시화가 도시의 구조를 해체한다는 관점을 적용하기 위해, 평가할 수 있을 만큼 잘 아는 도시에서 광범위하게 증거를 수집하시오. 이러한 증거들은 도시의 구조, 핵심 활동의 입지, 중요한 신개발의 특성 등을 포함하고 있을 것이다. 기본 조사에서 찾은 증거를 활용하여 사회 · 경제적 복지 상태를 그릴 수 있을 것이다. 도시들이 포스트모던 도시화에 의해 변형된 증거를 찾아 제시할 수 있는가?

양하게 변화의 지리적인 불균등 패턴을 나타낸다.

에세이 주제

- 공포와 망상이 도시 경관에서 어느 정도, 혹은 어떤 방법으로 표현되었는가?
- 교외 지역에 대한 상상력적인 관점은, 복잡하고 경쟁화된 실체를 감추고 있는지에 대해 토의하시오.

주제별 읽을거리

- 사회학 관점에서 이 장과 관련된 여러 가지 이슈를 집약적으로 논의한 문헌은 다음과 같다.

Byrne, D. (2001) *Understanding the Urban*, Basingstoke: Palgrave (chapters 5 and 7).

- 이론과 경험적 분석을 모은 광범위한 국제적 논문은 다음과 같다.

Eade, J. and Mele, C. (eds) (2002) *Understanding the City: Contemporary and Future Perspectives*, Oxford: Blackwell.

- 다음의 문헌은 지금은 자료가 다소 오래됐지만 아직도 우수하고 관련이 많은 논문이다.

Knox, P. (ed.) (1993) *The Restless Urban Landscape*, Englewood Cliffs, NJ: Prentice-Hall.

 사회적 측면에서 다양한 도시 변화에 대한 논의를 다룬 문헌은 다음과 같다.

Knox, P. and Pinch, S. (2000) *Urban Social Geography: An Introduction*, Harlow: Prentic-Hall (4th edn).

 문화적 측면에서 교외 지역에 대해 다룬 다양한 국제적 문헌은 다음과 같다.

Silverstone, R. (ed.) (1997) *Visions of Suburbia*, London: Routledge.

웹 자료

European Spatial Planning Research and Information Database - www.esprid.org

Re Urban Mobil - www.re-urban.com

Urban Institute - www.urban.org

chapter 8

불평등한 도시

Unegual cities

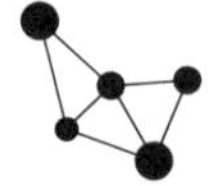

5가지 주요 개념

- 도시 재생 프로젝트는 도시의 경관, 투자유입, 시민의 자부심에 긍정적인 영향을 미쳐 왔다.
- 많은 도시들의 뚜렷한 경제적 재생은 다양한 영역에서 저항을 받을 수 있다.
- 광범위한 재생에도 불구하고 많은 도시들에서 사회경제적 분배 상태는 악화되어 왔다.
- 많은 도시들의 재생은 지역의 민주적 책임에 의한 통제를 제한적으로만 받아 왔다.
- 재생을 통한 새로운 도시들의 탄생은 저항을 초래했다.

서론

확실하게 도시들은 국가 및 국제 경제에서 극심한 구조적 변동에 적응하도록 요구 받고 있다. 가장 크게 영향을 받은 도시들은 러스트벨트 지역, 즉 영국의 북부, 미국의 북동부, 호주의 몇몇 주들에 있는 과거 제조업 도시들이다. 이 도시들은 경제 세계화의 영향과 산업사회로부터 후기산업사회로의 전환에 급격한 종료를 겪고 있다. 이러한 도시들의 경제적 기반은 크게 손상되었으며 과거에 누렸던 부와 경제적 지배력을 상실했다. 어떻게 이러한 도시들이 광범위한 경제 변화에 적응해 왔는가는 현재와 미래의 복지와 발전에 대단히 중요한 의미를 갖는다. 이 장에서는 위 도시들이 변화하는 경제 상황에 적응하기 위해 취한 조치들에 대해 평가할 것이다.

도시 재생에 대한 평가

앞선 장들에서는 도시 관리가 대체적으로 보다 기업가적이면서 기업을 지향하는 쪽으로 얼마나 다양한 방식을 통해 변모해 왔는가에 대해 살펴보았다. 도시 정부의 주된 관심은 관리주의적 복지에서 재생을 통한 경제 개발의 촉진으로 이동했다. 이러한 경향은 특히 많은 영국과 유럽, 북미의 러스트벨트 도시들에서 잘 나타났다. '재생'은 논란의 여지가 있는 용어로 간주되어야 하며 따라서 비판적으로 고찰할 필요가 있다. '재생의 의미는 무엇인가?'는 중요한 질문이지만, 지금껏 많은 정치가들과 정책 결정자들은 이를 잘못된 방식으로 다루어 왔다. 재생은 대부분 경제적·물리적 재생의 의미로 간주된다. 즉, 재생은 어떤 지역에서 부 혹은 일자리가 증가하는 것과 동일시된다는 의미이다. 그러나 이는 재생에 대한 부적합한 정의이거나 적어도 편협한 정의이다. 이 같은 정의는 도시 재생 프로젝트의 성공 혹은 실패를 평가하는 데 결정적으로 중요한 많은 쟁점들을 무시한다.

첫 번째 쟁점은 부 혹은 일자리의 특성과 관련되어 있다. 예를 들면, 사회집단 간에 부의 분배는 어떻게 이루어져야 하는가? 공평해야 하는가, 공정해야 하는가? 도시 재생에서 기인하는 일자리의 유형과 성격은 어떤 것인가? 등이다. 두 번째 쟁점은 도시 재생의 모든 영향이 긍정적인 것인지 아닌지에 관한 것이다. 도시 재생에 있어서 부정적 영향이 있는가? 그렇다면 각 사회집단에 미치는 부정적 영향에는 어떤 것이 있는가?

이러한 질문들을 던지는 목적은 재생에 대한 주장들과 수사적 표현들을 비판적으로 분석하기 위한 것이다. 이 장에서는 도시 재생에 대한 주장들을 검토하고 재생이 경제·사회·정치·문화적인 측면에서 도시와 도시 주민에게 미치는 영향들을 살펴볼 것이다.

경제적 영향

언뜻 보기에 장관을 이루는 도시 재생 프로젝트는 많은 건물들과 함께 방치된 산업 용지 활용의 매력적인 대안을 제시하는 듯이 보인다. 재생 프로젝트는 부를 눈에 띄게 전시하며 고품격의 도시 디자인을 강조함으로써 부활의 느낌을 이끌어 낸다. 이는 확신에 찬 건축적 표현이며 또한 도시 경제에 직·간접적인 도움을 준다. 재생 프로젝트는 일종의 '피플어트랙터즈(people-attractors)'가 되어 많은 방문객들을 도시로 유인한다. 브래드퍼드의 국립 영화·TV박물관이 좋은 예이다. 이 개발은 사실상 이전에 존재조차 미미했던 브래드퍼드의 관광 경제를 일으켰다(Bianchini *et al.* 1992 : 251). 브래드퍼드의 방문객 수는 1980년 0명에서 5년 뒤 5백만 명 이상으로 급증했다. 그 파급 효과는 상상을 넘어섰다. 재생에 대해 유사한 접근 방법을 택했던 글래스고 등의 도시들과 마찬가지로 브래드퍼드의 소비는 소매, 오락, 연회 서비스업, 접객업, 호텔업 및 기타 소비자 서비스 산업에서 괄목할 만한 성장을 이루었다. 그 결과, 재생의 수혜는 도시 중심부 전체로 파급되었으며, 오래되거나 버려진 많은 건물들의 외관을 변모시켰다. 낡은 건축물들이 개조되었으며 새로운 건물들이 관광 경제의 확장과 함께 신축되었다. 더욱이 이 같은 유형의 개발의 주요한 기능 중 하나는 브래드퍼드와 같은 소도시의 국가적·국제적 인지도를 높이거나 적어도 그 도시들이 긍정적인 측면에서 유명해지도록 한 것이다(Bianchini *et al.* 1992 : 249~251). 도시의 지도자들과 판촉가들은 이를 '도시 알리기(putting the city on the map)'로 간주한다. 이는 특히 개발을 위한 보조금이나 재정적인 지원을 받기 위해 국가 관광청, 유럽연합과 같은 국가적·국제적 조직의 관심을 끄는 데 중요한 역할을 해 왔다. 그러나 이 같은 혜택은 복합적이고, 다면적이며 상호 연관된 도시 문제의 성격과 조화를 이루어야만 한다. 글래스고의 사례는 재생 프로그램의 한계를 잘 보여 준다. 도시 재생의 영향을 평가하기 위해서는 다음의 질문이 필요하다. 어떻게 그리고 왜 재생이 실패했는가? 실패에 대한 책임은 누구에게 있는가?

요약하면 재생을 뒷받침하는 경제적 근거는 '트리클다운(trickle-down)' 효과와 승수 효과의 조합을 통해 도시의 소득을 재분배하는 것이다. 그 근거는 방문객의 지출과 투자에서 나오는 세수 증대가 다음의 두 가지 효과를 가져올 것이라는 가정(실질적인 증거가 미미하므로)에 기초해 있다. 첫

사례 연구 G

글래스고 : 새로운 이미지, 오랜 문제들

글래스고는 1988년 가든 페스티벌(Garden Festival), 1990년 유럽문화도시(European City of Culture) 행사, 1999년 영국 도시건축디자인(UK City of Architecture and Design) 등의 프로그램을 통해 광범위한 재생을 진행했다. 이제 글래스고는 외부인들의 눈에 현대적이고 유행을 선도하는 문화 도시로 비친다. 2004년 3월 '글래스고 : 스코틀랜드 위드 스타일(Glasgow: Scotland with Style)'의 슬로건 아래 이미지를 쇄신하면서 글래스고 재창조 프로젝트를 지속하고 있다. 그러나 이 같은 노력에도 불구하고, 글래스고의 다수 빈곤층의 보건, 경제적·사회적 복지의 기초 수준은 우려할 만큼 낮은 수준에 머물러 있거나 악화되고 있다. 예를 들면, 글래스고 내 가장 빈곤한 지역에서 남성의 기대 수명은 63세에 불과한데 이는 전국 평균보다 14년이나 낮은 것이다. 글래스고의 공영 주택은 유지·보수 상태가 엉망이며 9만 명의 실업자 중에서 3/4이 질병 수당을 받고 있다. 특히 시 중심부의 경제는 관광 수입에 기초해 지속적인 호황을 누리고 있지만, 도시 인구의 상당수는 이 같은 경제 부흥의 혜택을 전혀 누리지 못하고 있다. 글래스고의 도시 브랜딩이 경제적 보상을 가져올 수는 있지만, 도시의 빈곤층을 괴롭히는 가장 풀기 힘든 문제들을 처리하기에는 충분치 않다. 예를 들면, 스코틀랜드 사회당 대표 토미 셰리던(Tommy Sheridan)은 다음과 같이 주장한다. '글래스고는 의심할 여지없이 활기에 찬 도시이다. 나는 글래스고를 사랑하며 이곳은 나의 도시이다. 그러나 우리는 거대한 문제들을 안고 있으며 도시 브랜딩이 문제를 해결할 수는 없을 것이다.'

출처 : Scott(2004)

째, 방문객과 투자자를 위한 일자리가 만들어지면서 가장 빈곤한 계층에게도 트리클다운 효과가 전해질 것이다(Hambleton 1995). 둘째, 이 세수는 소비 지출의 증가를 통해 지역 경제 전체로 확산되므로 긍정적이고, 연쇄적인 효과를 가져올 것이라는 가정이다. 이러한 경제 메커니즘의 가정은 도시 재생의 주장을 정당화하기 위한 것이다.

그러나 이 같은 수사적 표현과 그에 내재된 가정은 많은 비판적 쟁점을 무시한다. 중요한 것은 그 가정들이 트리클다운 효과와 승수 효과의 유효성을 반박하는 강력한 증거를 무시한다는 것이다. 더욱이, 도시 재생 프로젝트가 지역 경제 및 지역 내 특정 집단에 미칠 수 있는 광범위한 부정적 영향에 대해 눈감고 있다. 도시 재생의 효과와 유효성에 대한 진정한 평가가 이루어지기 위해서는 수사적 표현을 합리적인 토론으로 대체하는 것이 필요하다.

도시 사회에서 상대적으로 빈곤한 부문에 이득을 주는 소득 재분배 메커니즘의 측면에서 트리클다운 효과와 승수 효과는 매우 비효과적인 것처럼 보인다. 증거들에 따르면 도시 경제에서 재생의 결과로 증대된 세수는 사업 및 관리 부문에서 '흘러나가지' 못할 것이며, 혹은 빠져나간다 하더라도 그런 경로들을 통해서는 빈곤 인구에게 실질적인 혜택을 주기 힘들 것이다. 이 같은 경로들에는 저임금, 비숙련, 위험 직종, 파트타임 고용의 창출들이 포함된다. 아마도 이런 일자리들이 도시 재생 프로젝트에서 빈곤 인구에게 열려 있는 유일한 고용 기회일 것이다(Loftman and Nevin 1994). 8장 후반부에서 이 같은 유형의 일자리들이 갖는 경제적 효과에 대해 다시 언급할 것이다.

마찬가지로, 도시 재생에서 기인하는 승수 효과 또한 매우 낮을 것이다.

소비 지출의 증가에 의해 구매된 재화의 다수는 지역 외부에서 만들어지기 때문이다. 그 결과로 지역 경제 '바깥으로' 돈이 빠져나간다. 만약 소비 지출의 증가가 재화의 수입에 집중된다면, 국가적인 지불 불균형을 초래할 수도 있다(Turok 1992).

도시 재생의 표면적 이익은 어떤 스케일에서 검토하는 가에 따라 달라진다. 도시 재생 프로젝트는 공간적으로 자율적인 경향이 있다. 즉, 재생은 공간적으로 한정된 특정 구역에서 이루어진다. 다수의 유사한 도시 재생 프로젝트들이 확산된 결과를 전국 차원에서 조사해 보면 그것들은 서로 경쟁 관계에 있는 것 같다. 한 지역에서 성장이 나타날 수는 있지만 이는 다른 지역의 쇠퇴를 대가로 한 것일 수 있다. 전국 차원에서 볼 때, 도시 재생 프로젝트는 종합적으로는 성장하지 못 했을 수도 있다. 재생 프로젝트가 전국적인 경제 효과를 가져왔다면 그것은 성장 지역과 쇠퇴 지역의 새로운 패턴에 불과한 것일 수 있다. 이 현상을 '제로섬 성장'이라고 부른다(Harvey 1989b).

이러한 증거에도 불구하고 재생의 수사적 표현이 1980년대와 1990년대 초반의 합리적 계획과 논쟁을 지배해 온 경향이 있었다. 도시 재생 프로젝트는 대체로 영향 평가 없이 진행되었으며, 특별하고 효과적인 소득 재분배 메커니즘은 거의 연구되거나 실행되지 않았다.

1980년대와 1990년대 북미와 유럽에서 도시 재생의 지배적 모델은 특정 유형의 부동산 개발 혹은 재생에 초점을 두고 있었다. 이는 부동산 개발과 경제적 재생 사이에 강한 연계가 있다는 믿음 때문이었다. 그러나 이러한 연계의 효과에 대한 근본적인 의문이 남아 있다. 부동산은 장기적인 안정성이 없는 경제 부문이며, 경제 변화와 자산 가치의 부침에 특히 민감하다. 토지와 부동산에 대한 투자는 원래 투기적이고 그 결과는 결코 보증할 수 없다(Turok 1992; Imrie and Thomas 1993).

고용 문제

효과적이고 지속적인 경제 회복을 위해서는 로컬리티가 회생(recovery) 이상의 인상을 만들어 내는 것이 필요하다. 지역의 외관이 바뀌어야 할 뿐만 아니라 무엇보다 재생의 필요성을 낳았던 경제의 근원적인 특성이 변해야 한다. 국가 혹은 국제 경제 쇠퇴의 영향은 지역 수준에서 조정된다. 그 결과는 고정되거나 미리 정해져 있지 않다. 오히려 지역을 넘어서는 범위에서 이루어지는 사회 과정과 지역의 경제 · 사회 · 문화 · 정치적 특성 간의 상호작용에 의존한다. 이 같은 지역 특성이 재생에 의해 변화되지 않는다면 외부의 힘이 미치는 영향과 관련하여 장소의 미래도 여전히 바뀌지 않을 것이다. 결론은 이 같은 유형의 재생은 대체로 표면적인 것이라는 점이다.

외부의 영향이 지역에 초래하는 바를 결정하는 주요 문제는 적절한 기술, 훈련, 교육 능력의 부족 등이며, 이는 건전한 지역 경제의 결핍과 결합되어 있다. 건전한 지역 경제의 특징은 안정적, 고숙련, 고임금, 장기적인 고용 기회 그리고 지역 기업들 간의 투자와 혁신이다. 재생의 '실체'가 겉으로 드러나는 모습과 어느 정도까지 일치하는가를 평가하기 위해서는 지역 경제 내에서의 고용, 훈련, 기회, 투자의 품질을 고려하는 것이 중요하다. 어떻게, 어느 정도까지 그리고 어떤 방식으로 재생은 지역 경제와 노동력을 강화시키는가?

부동산이 주도하는 도시 재생 모형이 내세우는 것 중 하나는 고용 창출이다. 직접적으로는 부동산 건설을 통해서, 간접적으로는 건설이 끝난 부동산의 운영 과정에서 일자리들이 만들어 진다. 그러나 건설업의 많은 특성들 때문에 이 같은 혜택은 제한적이다. 건설 부문의 고용 대다수는 지역 주민으로 충원되지 않는 경향이 있다. 일반적으로 건설 노동자들은 타 지역에서 일자리가 있는 곳으로 이주한다(Turok 1992 : 362~363). 건설 노동력의 지역 내 고용을 촉진하는 법안이 도입된 곳에서도, 공식적인 지침조차 지켜지지 않는 편이었다(Loftman 1990). 게다가 건설 부문에서 고용의 성격은 비정규직이며 단기직인 경향이 있다. 또한 건설 부문은 전통적으로 훈련 과정이 매우 취약하다. 도시 재생과 연계된 부동산 건설에서의 고용은 단기적인 빈곤을 경감해 주는 반면, 유용하고 시장성 있으며 장기간 쓸 수 있는 기술을 익히게 하지는 못하는 것 같다. 더욱이 건설 부문에서의 일자리는 젊은 남성들에게 제한되는 경향이 있기 때문에 재생의 수혜를 기대하는 많은 이들은 이로부터 배제된다(Turok 1992).

또한 기업의 재입지 결정에서 부동산의 중요성에 대해 심각한 의문이 제기되었다. 이 결정에서 중요한 것은 물리적 요인보다 사회적 요인인 경우가 더 많다. 기업이 먼 곳으로의 재입지를 결정함에 있어서 사람들이 인지하는 삶의 질과 같은 요인들을 더욱 중요하게 고려해야 할 것으로 보인다(Duffy 1990; Turok 1992). 따라서 사무 공간을 개발·공급하는 것만으로는 기업이 다른 곳에서 이전해 오도록 유인하기에 충분치 않다. 노동 시장 범위 내에서 짧은 거리를 이동하는 기업은 또 다른 형태의 제로섬 성장 사례인데, 이는 보다 빈번하게 나타나는 듯하다. 외부 노동 시장으로부터 새로 개발된 부동산으로의 재입지가 일어나는 곳은 대개 고차 기능(예 : 관리, 통제, 소유)보다 저차 기능(예 : 사무와 행정)의 경향을 띤다(Turok 1992; Graham and Marvin 1996). 고차 기능은 저차 기능에 비해 더 큰 관성을 나타내는 경향이 있다. 그 결과 '분공장' 도시 경제 형태가 발달할 위험성이 있다. 이러한 경제 유형은 미래 성장을 위한 내생적 추진력을 만들어 내기 힘들고 도시 경제가 외부에서 이루어진 의사 결정에 취약하도록 만든다.

또한 미국과 유럽의 도시들이 채택한 도시 재생 계획에서 독창성의 부족으로 인해 또 다른 문제들이 나타났다. 이는 몇 가지의 도시 재생 모델들이 반복된다는 점이었다. 이 모델들은 대개 호텔 개발, 전시 혹은 컨벤션센터, 소매 단지, 유적지, 수변 개발, 사무실과 고급 주거지 개발 등으로 구성되어 있다. 이 같은 개발을 위한 시장은 한계가 있다. 독창성이 없는 물리적 개발의 반복은 시장의 포화를 초래할 위험이 있고 결과적으로 개발된 시설이 남아돌게 된다. 그러한 가능성은 재생을 촉진하는 목적과 명확히 상충한다(Bianchini *et al.* 1992 : 254).

> 도시 간 경쟁의 심화는 사회적으로 쓸모없는 투자를 생산하게 되어 과잉 축적이라는 문제를 개선하기보다는 악화시킨다. … 간단히 말해서 컨벤션센터, 스포츠 경기장, 디즈니월드, 항구 등이 얼마나 성공적인가? 다른 곳에서 나타난 보다 경쟁력이 있거나 대안적인 혁신으로 인해 성공은 종종 일시적인 효과에 그치거나 논란의 여지가 있는 것이 되어 버린다.
>
> (Harvey 1989b : 273)

표준적인 재생 모델의 제약에서 나타나는 더 큰 문제는 이 같은 개발이 해당 지역의 특수성과 잘 조화되지 못한다는 점이다. 잠정적인 불일치는 여러 방면으로 드러날 수 있다. 가장 분명한 것은 지역 주민에게 제공된 기회, 고용과 훈련의 필요성, 주민들이 현재 갖고 있는 기술 간의 불일치이다. 지역 내 숙련된 기술자들을 이용하지 못하는 것은 사회적인 낭비이며 인적 자원을 비효율적으로 이용하는 것이다.

도시 재생 프로젝트들이 개발 과정 자체에서 일자리를 만들어 낸다는 것에는 의문의 여지가 없다. 그러나 이러한 진술이 정당화되기 위해서는 두 가지 조건이 전제되어야 한다. 첫째, 개발은 지역 내에서 혹은 보다 넓은 지역에 걸쳐서, 어딘가의 일자리를 뺏는 부정적 영향을 유발할 수 있다. 둘째, 이러한 개발에 의해 창출되는 일자리가 양질의 것인가의 문제와 그것이 지역의 빈곤을 경감시킬 수 있는지에 대한 의문이 존재한다.

일단 시작된 도시 재생 프로젝트는 지역 내 다른 시설들과 경쟁하게 된다. 그 결과, 재생 프로젝트의 성공이 그 지역 다른 부문에서의 실업이라는 희생을 가져올 수도 있다는 것이다. 이는 소매 단지 개발이 도시 재생의 기초로 이용된 경우에 가장 두드러진다. 웨스트미들랜드의 메리 힐(Merry Hill), 뉴캐슬 근처 게이츠헤드(Gateshead)의 메트로 센터(Metro Centre)와 같은 거대한 지역 쇼핑 단지 개발이 근처에 있는 기존의 소매업 환경에 미친 영향은 심각하다. 재생이 지역의 부를 증대시키고 번영을 가져오기보다는 새로운 패턴의 불평등한 경제 개발의 시작일 수도 있다.

도시 재개발에서 창출된 고용 패턴은 매우 양극화되는 경향이 있다. 고용 패턴의 특징은 상대적으로 소수의 고임금 관리 직종과 연회 서비스, 경비, 청소업 같은 부문에 있는 다수의 저임금, 비숙련 직종이다. 이 같은 고용 패턴은 기회의 양분화(bifurcation)를 가져오게 된다(Short 1989). 도시 재생 계획이 제공하는 소수의 고임금 관리 직종과 빈곤 계층의 요구와 기술 간에 질적이고 양적인 부조화가 뚜렷하게 나타난다. 결과적으로 고임금의 관리 직종은 자질이 우수한 외부인들에게 돌아간다. 지역 주민들은 저임금의 불안정한 부문에서 제한적인 고용 기회를 얻게 되는 경향이 있다.

이러한 기회의 양분화를 염두에 두면, 적어도 이론적으로는 도움이 가장 필요한 빈곤 계층에게 제공되는 고용 기회의 질에 대해 심각한 의문점을 가지게 된다. 빈곤 계층에게 제공되는 일자리들은 일반적으로 비숙련, 저임금에 일시적이거나 단기적인 것이며 노조로 조직화되어 있지 않고, 훈련의 질이 낮은 것들이다(Loftman 1990).

지방 정부는 이러한 비판을 간과하지는 않았다. 빈곤 계층을 대상으로 하여 일자리와 훈련 프로그램을 연계하는 법안을 도입함으로써 이를 극복하려 했다. 그러나 실제 이 같은 조치는 실망스러운 결과를 초래했는데, 이 정책의 혜택을 입은 사람들은 소수에 불과했다. 지방 정부의 좋은 의도에도 불구하고, 이 법안은 도시 재생 프로젝트와 연계된 고용 기회의 제약을 극복하는 데에는 대체로 실패했다.

대체 문제

도시 재생은 종종 광범위한 영역의 토지 재개발을 수반한다. 이는 해당 지역 혹은 인근의 기존 공업, 상업 및 주거 지역 사용자들에게 상당한 영향을 미치게 된다. 도시 재생이 기존 사업체들에 미친 심각한 영향에 대한 많은 사례들이 기록으로 남아 있다. 이는 기존 사업체들이 재생에 의해 형성되는 지역 이미지와 양립할 수 없는 경우에 특히 그렇다. 이 영향은 대체 압력(displacement pressures)에서 가장 두드러지게 나타난다. 이러한 압력은 재개발지역의 이미지와 외관을 향상시키기 위해 디자인된 정화(cleanup) 프로그램을 통해 나타날 수 있다. 대체 압력은 영향을 받는 사업체에 부정적인 효과를 줄 수도 있다. 이러한 효과는 지역의 사업 네트워크 해체, 타 사업체·고객·공급자·시장과의 연계 붕괴, 다른 곳의 대체 가능한 적당한 부동산의 부족, 전반적으로 열악한 입지 등을 포함한다. 이러한 영향이 너무 가혹해서 대체된 사업체들 상당수가 문을 닫기도 한다(Imrie *et al.* 1995 : 34~35).

도시 재생은 또한 거주 인구를 대체할 가능성이 있다. 이는 이후 '주택 문제'에서 보다 상세히 다룰 것이다(p.220 참조).

보조금 문제

1980년대와 1990년대 영국 도시들에서 진행된 재생의 특징은 공공 부문과 민간 부문의 파트너십이다. 이는 사실상 민간 부문 개발의 상당 부분이 공공 재원의 조달을 통해 이루어졌다는 의미이다. 이러한 정부 보조는 민간 개발업자에 대한 직접적인 금융 지원책을 포함할 수도 있다. 예를 들면, 지자체가 대규모 국제 호텔의 건설 비용 일부를 보조하는 것, 컨벤션 센터와 같이 민간 부문에서 주로 사용될 지방 정부 시설을 지자체가 개발하는 것, 혹은 기업 재입지를 장려하기 위해 지방세나 조세를 감면해 주는 것 등이 이에 해당한다. 이러한 공공 부문의 보조금은 지방 정부의 재정 운용이 극히 제약될 때 중앙 정부의 보조금을 통하거나, 지방세 증액을 통해서 이루어졌다(Goodwin 1992). 민간 부문 개발의 보조는 따라서 지방 정부에 가혹한 단기적 재정 부담을 가져오며 최장 25년 상환의 장기 채무를 유발한다(Loftman 1990). 이는 경우에 따라서 지방 정부로 하여금 민간 부문의 비용 경감분을 보조하기 위해 지역 주민들로부터 더 많은 세금을 걷게 한다. 이러한 공공 기금의 전환(diversion)은 도시 지역 관리에 있어 포괄적인 함의를 갖고 있다.

공공 기금 전환에 따른 가장 잘 알려진 문제는 기금 전환이 지방 정부의 사회적 지출에 미친 영향이다. 1980년대와 1990년대 대도시 지역에서 주택과 교육 부문에 대한 재정 지출은 충분하지 못했다. 이는 빈곤 계층이 거주하는 이너시티 지역에서 특히 심각했다. 재원 부족으로 발생된 사회적 비용은 일반적으로 주택, 의료, 교육 등을 공공 부문의 공급에 많이 의존하고 있는 빈곤 계층이 더 많이 부담하는 경향이 있다.

이처럼 자본이 투자되는 도시 재생 프로젝트는 본질적으로 투기적이다. 따라서 성공에 대한 보장이나 공공 자금이 회수될 것이라는 보장이 없다(Wynn Davies 1992). 컨벤션센터와 같은 모험적 사업을 그것만으로 수익성이 있도록 설계하지는 않는다. 그것들은 도시 경제의 다른 부문을 방문한 사람들의 소비를 증가시키는 일종의 '미끼 상품' 역할을 한다. 사실상 영국 도시 재생의 특성인 민-관 파트너십은 민간의 이윤을 공공이 보조해 주는 것을 포함한다(Harvey 1989b). 이 문제에 대해 많은 이들은 공공 부문이 민간 투자를 보조할 필요성에 대해 의문을 제기해 왔다. 그들은 많은 경우에 공공 지원이 반드시 민간 투자를 이끌어 내는 것은 아니라고 주장한다(Turok 1992 : 374~376).

투자 활성화 방식의 문제점

도시 재생 프로젝트가 추구하는 투자의 유형은 본래 불안정하다. 그것은 경제 흐름에 따라 유동적인 경향이 있다. 업무·관광 시장이 바로 그러한 예이다. 이러한 투자는 또한 지리적으로 얽매이지 않고 입지의 사회적 특성에서의 미세한 변화에 즉각적으로 반응하여 입지를 신속하게 변경하기 일쑤다.

소매업 분야는 많은 도시 재생 개발에 있어 중요한 부분을 차지해 왔다. 게이츠헤드의 메트로센터와 같은 지역 쇼핑센터, 즉 '메가몰', 런던 도크랜드의 창고를 개조해 만든 것처럼 축제와 결합된 쇼핑 단지 개발을 포함한다. 그러나 소매업의 몇몇 특성들로 인해, 지속가능하고 공정한 경제 재생을 촉진하는 데 있어서 소매업 부문의 효율성은 크게 제한적이다. 소매업 부문에 있어 빈곤 집단에게 개방된 고용 기회는 제한적인데, 보통 질이 낮은 것이 대부분이다. 즉 이 장의 앞부분에서 서술한 것처럼 빈약한 고용 기회를 말한다. 소매업 개발을 장려하는 것은 또한 잠재적으로 구매자에 대한 문제를 발생시킨다. 개인 신용의 확대는 1980년대 말의 소매업 전성기를 부추겼다. 이는 나중에 구매자가 원금에 이자까지 상환하는 데 어려움을 겪게 되면서 개인 부채와 관련된 많은 문제를 낳았다.

요약 : 경제적 문제

첫째, 도시 재생 프로젝트는 비용 편익에 있어서 극히 불평등한 분배를 초래한다. 재생의 혜택은 기업과 관리 계층에 있는 소수의 전문직 종사자들에게 가는 경향이 있다. 이들은 재생 프로젝트 없이도 잘 지낼 수 있는 사람들이다. 경제적 혜택이 가장 요구되는 집단은 탈산업화된 이너시티 지역이나 쇠락하는 주변부 주택 지대를 점유 하고 있는 빈곤 집단인데, 이들은 혜택보다는 도시 재생의 비용과 부정적 영향에 직면하고 있다.

사회적 문제

이중 도시?

앞 절에서 묘사된 경제 기회의 양분화는 도시의 사회지리에 불가피한 영향을 미치고 있다(Short 1989). 종종 이 새로운 사회지리를 묘사하기 위해 '이중 도시(dual city)'라는 은유적 표현을 사용하는 경우가 많다. 이중 도시 개념은 도시 내 사회적 분화의 증가와 공식 경제의 역동적인 메커니즘과 분리된 도시 '하위 계층'의 등장에 기반하고 있다. 이러한 경제적 배제는 도시 생활의 배제로 옮아간다. 하위 계층은 고용 여부에 관계없이 빈곤층으로 구성되어 있는데, 병들고 고령이거나, 장애자나 편부모 등의 집단들과 소수민족들이 특히 많이 포함되어 있다. 국제 경제의 추이와 최근 정부 정책의 결과로 인해 사회적 양극화가 심화되었다는 주장도 있다. 이러한 사회적 양극화는 도시의 공간 구조에 영향을 미쳐 왔다. 이너시티 지역과 주변부의 공영 주택 단지 등은 도시 하위 계층의 출현과 동일한 의미로 받아들여졌다. 이러한 박탈의 지대에는 공식적 도시 경제가 그다지 필요로 하지 않은 수많은 집단들이 살고 있다. 이 지역의 특징은 비공식 혹은 비합법적 기반에서 움직이는 '대안적' 경제 또는 '황혼' 경제의 만연이다.

이러한 박탈의 지대는 웅장한 재생의 '섬'과 아주 가까이 존재하면서

사례 연구 H

도시 르네상스 : 오하이오 주 클리블랜드는 신화인가 현실인가?

1960년대, 1970년대, 그리고 1980년대의 대부분 기간 동안 오하이오 주의 클리블랜드는 미국 도시의 부정적인 요소를 모두 집약한 전형으로 간주되었다. 지나친 오염 때문에 1969년 6월 강에 불이 날 만큼 환경 오염이 심각했고, 경제는 파산 지경이었다. 지도자들은 무능력하고 편협했으며, 야구팀은 30년 동안 월드시리즈에서 우승한 적이 없었다. '호수의 실수'라는 도시의 별명은 이 모든 것을 말해 주었다. 그러나 1990년대의 클리블랜드는 다시 태어났다. 그리고 클리블랜드의 경관은 도시의 재생을 알리는 가장 확실한 상징이었다. 현재 성적이 좋은 야구팀이 사용하는 2억 달러짜리 전용 구장, 다수의 인상적인 건축물들과 로큰롤 명예의 전당이 있는 포스트모던 스타일의 시범적인 개발 지구 등이 이에 해당한다. 게다가 백로가 깃털을 다칠 염려 없이 쿠야호가(Cuyahoga) 강가에 내려앉을 수 있게 되었다.

클리블랜드의 뚜렷한 변화는 1980년대 초 볼티모어의 터미널과 오하이오 철도를 레저, 소매업과 상업적 개발을 위해 개조한 것에서 시작되었다. 그 과정에 재계, 비영리 재단, 그리고 새로 구성된 시 행정 지도자들이 참여했다.

그러나 클리블랜드의 르네상스에 대한 비판이 없는 것은 아니었다. 재생 프로젝트는 명백히 특정한 대상을 염두에 두고 진행되었는데, 이너시티의 빈곤층보다는 클리블랜드 교외의 중산층이 그 대상이었다. 예를 들어 도시의 번화가가 광범위하게 개조되었지만, 학교는 방치되었다(Cornwell 1995).

클리블랜드는 성장한 것처럼 보이지만, 모든 이들이 성장의 과실을 누렸는가에 대해서는 의문이 제기된다. 클리블랜드는 미국의 '도시 성공 사례'의 표본으로 언론 방송, 도시 마케터, 정치가들이 적극적으로 홍보하는 도시였다. 미국과 유럽의 다른 도시들도 비슷한 주장을 해 왔다. 그러나 그들의 주장에는 보통 객관적이고 실체적인 재생의 수단이 부족했다. 여전히 의문으로 남는 것은 재생이 얼마나 실질적인가 하는 것이다. 실질의 의미가 무엇인가는 확실히 복잡한 문제여서 일반적인 동의를 끌어낼 수 있을 것 같지는 않다. 그러나 의미 있고 '실질적인' 재생을 주장함에 있어서 기본적인 필요조건은, 거주자들의 경제적 복지가 향상되어야 한다는 것이다. 이는 유일한 조건은 분명히 아니지만 가장 기본적인 조건으로 생각된다.

북미 도시들의 성공 사례들을 평가하기 위해서는 1980년 '쇠퇴 지역'의 명단을 뽑아 보아야 할 필요가 있다. 이를 위해 실업, 빈곤, 기구 소득, 소득 변화, 인구 변화가 포함된 지수를 사용하였다.

여기서 50개의 경제적으로 쇠퇴한 도시들을 뽑아냈다. 다음에는 이들 중 어떤 도시들이 1980년 이후 성공 사례로 간주되는가를 찾아내는 것이다. 이를 위해 다양한 전문가들의 견해를 조사하였다. 전문가에는 학계와 경제 개발 실무자들이 포함되었다. 그들의 응답에서 두 계층의 '성공적인' 도시들을 구성했는데, 이는 각각 20% 이상의 전문가들이 지목한 12개의 '성공적으로 재활성화된(revitalised)' 도시들과 이 중에서도 40% 이상이 동의한 6개의 '가장 성공적으로 재활성화된' 도시들이다. '가장 성공적으로 재활성화된' 도시들은 피츠버그, 볼티모어, 애틀랜타, 클리블랜드, 신시내티와 루이빌이었다. 이는 재활성화에 대한 객관적인 척도에 의한 것이 아니라 응답자들의 인지에 근거한 것이다. 이러한 전문가들의 인지가 객관적인 척도와 어느 정도로 일치하는가를 평가하는 것은 중요하다.

성공 사례의 주장을 평가하기 위해서, '성공적으로 재활성화된' 도시들과 '실패한' 것으로 간주되는 도시들을 비교해 보았다. 거주자들의 경제적 복지 척도를 사용하여 1980년과 1990년 사이 위 도시들의 실적 지표를 구성하였다. 평가 결과, '성공적으로 재활성화된' 도시들과 '실패한' 도시들 간에 유의한 차이가 없었다. 도시 재생과 르네상스의 연구에서 '실패한' 도시들과 비교했을 때, '성공적으로 재활성화된' 도시가 거주자의 경제적 복지를 실질적으로 향상시키지 못하는 것으로 나타났다. 해당 기간 동안 다수의 지표에서, 많은 '실패한' 도시들이 대다수 지수들에서 '성공한' 도시들보다 더 높은 것으로 나타났다. 6개의 '가장 성공적으로 재활성화된' 도시들 중, 애틀랜타와 볼티모어만 '실패한' 도시들보다 뛰어난 것으로 나타났고, '성공적으로 재활성화된' 도시들 중에서는 보스턴만이 그렇게 나타났다.

이 평가에서 클리블랜드의 경우는 위에서 논의된 언론 보도와는 조금 다른 양상을 나타내고 있다. 클리블랜드는 실업률 변화, 가구 소득 중앙값의 변화, 빈곤선 이하에서 생활하는 사람 수, 1인당 소득 변화, 노동 참여율 변화 등 사용된 모든 지표에서 '실패한' 도시들의 평균보다 상당히 낮게 나타났다.

이상의 '도시 성공 사례' 평가를 통해 두 가지 결론을 끌어낼 수 있다. 첫째, 성공은 복지의 객관적 척도라기보다는 대체로 이미지와 인식에 기반한 것으로 보인다. 둘째, 성공한 것으로 알려진 도시들은 활성화의 '외관'만 보여 주는 도시들인 경우가 많다. 즉, 도심을 물리적으로 개선하고 이미지를 개선시킨 도시들 말이다. 그러나 외관상의 활성화와 거주자들의 경제적 복지 실현은 반드시 일치하지는 않는 것 같다. 재생에 대한 클리블랜드의 주장은 이런 점에서 특히 공허해 보인다.

출처 : Corwell(1995); Wolman et al.(1994)

대조를 이루는 '절망의 바다'라고 할 수 있다(Hudson 1989). 런던 도크랜드는 바로 런던의 가장 가난한 지역들 사이에 세워진 웅장한 재생의 섬이다. 영국 버밍엄의 국제 컨벤션센터는 1억 8천만 파운드의 비용이 들었는데, 도시의 최빈곤 지역 중 하나인 레이디우드(Ladywood)에서 약 200야드 밖에 떨어져 있지 않다. 여기서 묘사한 상황은 일종의 일반화이며 개별 도시들의 독특한 특성을 무시해서는 안 될 것이다. 그러나 제시한 예들은 분명히 영국 도시의 사회지리에서 주요 경향을 강조하고 있으며 미국 도시에서는

사진 8.1 새 호텔개발지구에 인접해 있는 황폐화된 공동주택, Cultural Forum 2004 사이트, 바르셀로나

한층 더 뚜렷하다.

도시 재생과 사회적 정책

사회적 개선은 도시 재생 프로젝트의 직접적인 결과라기보다는 간접적인 결과로 보인다. 도시 재생 프로그램에 있어 사회 및 커뮤니티 정책 부문은 보통 재생 프로젝트의 전체 지출에서 아주 낮은 비중을 차지한다. 또한 이 부문은 경기 침체기 동안에 재생 프로그램에서 가장 취약한 부분이

되기 쉽다.

도시 재생 프로그램의 사회적 재생 정책이 공식 노동 시장 밖에 있는 사람들을 고려했다는 증거는 거의 없다. 사회적 재생이 물리적·경제적 재생과 동일하게 취급되는 경우가 지나치게 잦았다.

주택 문제

도시 재생 프로젝트는 지역의 주택 공급에 두 가지 방식으로 영향을 미친다. 이는 빈곤한 거주민들을 물리적으로 쫓아내는 것과 주택 가격 상승 압력을 통한 이동이다. 물리적 퇴거는 주거용 부동산이 새로운 개발을 위해 파괴되는 곳에서 일어날 수 있다. 철거되는 건물은 필연적으로 보다 싸고 질이 낮은 건물로서 저소득의 주변화된 인구 집단이 이용하던 것이다. 저렴한 숙박 시설의 중요한 자원이었던 호텔이나 하숙집들은 재생 이후에 해당 지역으로 밀려올 것으로 기대되는 새로운 시장, 특히 관광객들에게 서비스를 제공하기 위해 개조되거나 현대화되었다. 그 결과 단기적으로는 가난한 거주자들이 쫓겨났으며, 장기적으로는 그들에게 적절한 숙박 시설의 공급이 극단적으로 감소되는 고통을 겪었다. 이것의 물리적·심리적 영향은 노인이나 장기간의 병고로 시달리는 거주자들에게 가혹하게 나타나고 있다. 퇴거에 대한 보상으로 공영 주택이 공급된 적은 거의 없었다. 이러한 현상은 캐나다 밴쿠버의 1986년 엑스포 부지 개발과 같은 북미 도시의 대규모 재개발에서 공통적으로 나타났다(Beazley *et al.* 1995).

또한 재생이 주택 가격을 상승시켜 저소득 인구는 접근하지 못하게 함으로써 지역 주택 시장에서 밀려나는 퇴거의 고통을 겪게 될 수 있다. 재생 프로젝트 주변 지역은 종종 부동산 투기가 증가하고, 개발업자들은 도시 중심부에서 삶을 선호하는 중간 계층 전문직의 유입을 기대하면서 관심을 갖게 된다. 이러한 이해관계는 반대로 지역에서 저소득 집단의 부동산 구매 능력에 부정적인 영향을 미치게 되어 이 집단들을 다른 지역의 또 다른 값싼 부동산 시장으로 밀어 넣게 된다. 이는 도심 재활성화 과정의 한 예이다. 이런 방식의 도심 재활성화는 결코 도시 재생에 의해서만 형성된 것은 아니지만, 재생은 그 과정을 악화시킬 수 있다. 이는 지금까지 영국 도시들에서 직접적인 퇴거보다 더 큰 문제로 드러났다. 재개발 프로젝트의 주변 지역이 겪는 또 다른 고통은 재개발에 자리를 내준 커뮤니티 시설의 상실과 건설 단계에서 나타나는 혼란상 및 소음 공해이다.

도시 재생의 선도적 프로젝트는 종종 주택 공급이나 주택 개보수(renovatin) 프로그램을 포함한다. 수변 개발은 보통 독특한 건축 유산과 본래의 특징을 활용하여 기존 경관을 고급 주택 등으로 변형시킨다. 다시 말해 이주해 오는 전문직 종사자들을 끌어들이기 위한 것이다. 이러한 시설은 지역 내의 빈곤 계층의 주택과 시설 문제를 전혀 해결하지 못하며, 이들 계층은 개발의 이익을 누리지 못한다. 도시 재생 프로젝트와 관련하여 개발된 주택은 여러 측면에서 지역 주민들에게는 부적합한 경향이 있다. 첫째, 주택이 너무 비싸다. 이들 주택의 80% 이상이 자가 소유이다. 1980년대 후반의 주택 붐 시기 동안 런던 도크랜드에 침실 두 개짜리 아파트들은 20만 파운드였는데 주변 지역의 대부분 가구는 연간 소득이 1만 파운드 이하인 사람들이었다. 더군다나 이 개발을 통해 건설된 부동산의 유형은 주로 '딩크족(Doulbe Income No Kids, 맞벌이에다 자녀가 없는, 보통 20대에서 30대 초반까지의 젊은 전문직 커플)' 시장을 겨냥하고 있었다. 따라서 이러한 주거 시설은 주로 작은 평수의 아파트들이다. 지역 가구 대다수가 요구하는 시설은 딩크족 커플이 원하는 것과는 아주 다르다. 일반적인 가족은 연령이 더 높고 아이들이 있다. 그들은 세 개 혹은 그 이상의 침실을 필요로 하며 정원, 놀이 공간을 갖춘 주택을 선호한다. 영국의 이너시티 재생 프로그램 주변 지역들은 아시아계 소수민족 가구의 비중이 높은 경우가 많다. 이들 커뮤니티들은 대가족의 비중이 높은 것이 특징이다. 또한 그들은 잘 알려져 있다시피 도시 재생 계획에는 없는 보다 큰 규모의 주택을 원한다.

'사회' 주택은 지역의 주택 수요의 충족을 목표로 하는 적절한 가격의 주거 시설로서, 사회 주택의 공급은 오랫동안 도시 재생 계획 가운데 사회 재생 프로그램의 주요 항목이 되어 왔다. 예를 들어 카디프 베이(Cardiff Bay)에서는 개발되는 신규 주택의 25%가 사회 주택이어야 한다는 합의에 도달하였다. 그러나 이 사회 주택의 실제 공급은 매우 실망스러운 경향이 있었다. 지역 주민들의 특성에 맞는 주택을 공급하려는 의도가 전혀 없는 경우도 많았다. 더욱이 완성된 재생 계획에서 실제 사회 주택의 양은 최초의 합의 수준에 훨씬 못 미친다(Rowley 1994). 주택을 통한 이윤 창출의 요구는 궁극적으로 사회적 배려의 측면을 압도하는 경우가 많다.

토론 주제

도시 중심부의 재생은 가장 도움이 필요한 도시 인구의 사회경제적 복지 수준을 개선하는 데 거의 아무런 역할을 하지 못했다. 이는 최근 도시 재생의 영향을 평가함에 있어서 정확한 성찰인가? 이에 대한 답변을 뒷받침할 수 있는 증거는 무엇인가?

지방 민주주의와 대중 참여의 문제

도시 재생은 변동하는 도시 거버넌스의 구조 내에서 발생한다. 영국의 도시개발공사, 훈련 및 기업협의회(TECs: training and enterprise councils)의 출현은 특정 영역에서 지방 정부의 통제를 효과적으로 배제했고, 책임을 지역에서 중앙 정부로 가져갔다. 이를 포함한 도시 재생의 정치적 특징은 의사 결정에서 공공의 참여를 저해하고 궁극적으로는 영국 도시들에서 발전되어 온 지방 민주주의를 위협한다는 비판을 받았다.

영국, 유럽 및 북미에서 도시 재생 프로젝트의 특징은 공개 토론회, 자문, 조사 혹은 상세한 사전 영향 평가가 결여되었다는 것이다. 개발 과정에서 대중의 참여는 이 같은 방식으로 배제되었는데, 이는 '성장연합(growth-coalitions)'의 입장에 치우쳐 있고 대중과 반대 집단 포함시키기를 꺼리는 광범위한 정치적 법적 구조에 의해 가능했다(Beazley *et al.* 1995). 예를 들어 도시개발공사와 같이 중앙에서 지정한 기관들이 개입하기 이전에는 도시 재생의 비용과 효과에 대한 토론이 공공 영역에서 이루어졌는데 현재는 민간 위원회(private board meeting) 모임에서 토론이 이루어진다(Imrie *et al.* 1995). 나아가 1985년 통과된 지방 정부법에서는 대중들이 철저하게 검토할 기회를 배제하고 정보를 비밀로 하는 것을 인정했다.

법률의 지원을 받는 강력한 재생연합의 등장으로 커뮤니티 집단과 재생에 반대하는 집단은 약하고, 자금도 부족하며 권력과는 거리가 있는 것처럼 보인다. 대부분의 경우 그들은 기부금이나 회비로 충당하는데, 재정적으로 강력한 재생연합에 맞서기 힘들다. 때로는 사기업이나 지방 정부로부터 자금을 받기도 하지만, 그들이 바로 반대의 대상이 되는 당사자들이므로 논란을 빚어 왔다. 반대 집단들은 재생연합이 흘려주는 제한된 정보,

재생연합에 비교할 때 법적·기술적으로 결여된 지원, 그리고 점점 더 폐쇄적인 지방 정부의 의사 결정 과정 등으로 논쟁에서 더욱 배제된다. 통합된 재생연합에 맞선 반대 집단은 그들의 다양한 의제 때문에 분열된 것처럼 보인다. 결론적으로 대중이 재생 프로그램에 참여하는 것은 극도로 제한되어 있다. 지방 정부와 재생연합이 공청회 등을 통해 대중 참여를 촉진할 수도 있지만 이는 보통 개발이 시작된 한참 후이기 때문에 의사 결정이나 정책에 아무런 영향을 주지 못한다(Beazely *et al.* 1995). 그러나 최근의 도시 정책은 (특히 미국에서) 커뮤니티 대의제(代議制) 및 지역 책임을 어느 정도 인정하고 있어 이전보다는 좀 더 민주적으로 보인다.

문화적 측면

문화는 1980년대와 1990년대 도시 경제와 도시 이미지를 변화시키는 중요 요소였다. 도시 문화는 도시 재생 과정과 연루되어 몇 가지 중요한 영향을 받았다. '문화'는 경제, 사회 엘리트와 관련된 문화적 활동(오락, 연극, 오페라, 발레, 음악)뿐만 아니라 '일상' 혹은 '보통' 즉 보다 민주적인 문화 관념을 구성하는 활동들을 포함한다. 이 두 가지 의미는 종종 '고급'과 '대중'의 접두어를 통해 구분된다.

문화 도시

도시 내부의 새로운 문화 시설 개발은 주로 부유한 외부 지역에서 오는 관람객들을 유인하기 위해, 그리고 특급 호텔이나 컨벤션센터와 같은 도시 재생 개발을 보완하기 위해 이루어져 왔다. 이러한 시설들은 전형적으로 특권층을 대상으로 하는 것들이다. 즉 그러한 시설에서 이루어지는 활동의 성격이나 비용 때문에 대다수 도시 주민에게는 별로 매력적이지 않다. 또한 대중교통을 주로 이용하는 사람들은 접근하기 어려우며, 일단 가더라도 거의 반기지 않는 분위기를 느끼게 될 것이다. 나아가 제공되는 프로그램이 특정 집단, 특히 민족적·문화적 소수 집단에게는 거의 매력이 없으며, 그들의 이해관계는 국제적인 선도적 개발에서 거의 주목받지 못한다(Bianchini *et al.* 1992).

국제적인 콘서트홀 같은 고급문화 시설 개발은 두 가지 이유에서 실제 도시의 문화적 저변을 더욱 편협하게 할 가능성이 있다. 첫째, 대부분의 경우 유명한 문화 시설 개발은 문학, 드라마, 음악, 영화, TV, 스포츠 등의 문화 축제를 개최하면서 메이저 예술 단체(예 : 발레단이나 오케스트라)를 초대하려는 시도와 함께 이루어진다. 그 결과 도시 내부의 관심은 국제적 수준에 맞고 국제적 호소력을 가진 고급문화를 지향하게 된다. 이에 따라 커뮤니티에 기반한 보다 대중적인 문화 활동은 자금 지원이 삭감되면서 위축되거나 중단될 수도 있다. 이러한 재정적 위협으로 인해 소수 집단 혹은 커뮤니티 예술, 특히 소수민족 집단이 가장 타격을 받는다(Lister 1991).

경제 개발에서 문화를 활용하는 것은, 때때로 이전에 커뮤니티에 기반하고 또한 커뮤니티가 이끈 활동들을 지방 정부 당국이 관리하면서 '공식적' 문화 프로그램으로 편입시키는 결과를 가져온다. 이로 인해 커뮤니티 집단은 예전에 자신들이 주도했던 활동에 대한 통제권을 잃을 수도 있다.

소외된 문화와 저항

　도시 재생 프로그램의 일환으로 유명한 문화 시설들과 국제적인 주목을 받는 활동들의 판촉이 이루어지면서, 소수 집단 및 커뮤니티 문화를 대표하는 집단들은 도시의 문화적 삶에 대한 자신들의 공헌이 과소평가되고 있다는 비판을 제기했다. 글래스고의 노동자 계급의 역사를 판촉하는 집단인 워커즈 시티(Workers' City) 같은 집단에서부터 유럽문화도시 행사에 이르기까지 다양한 반대의 목소리는 유사한 '변모'를 겪고 있는 도시에 만연한 분위기를 반영한다. 이 집단들은 전통적으로 노동자 계급 공동체, 소수민족, 여성 조직, 게이와 레즈비언 공동체들을 포함하는 문화들의 다양성을 대변하는데, 공통적으로 자신들의 문화가 국제 시장에서 '시장성 있는' 상품이 아니라는 이유로 과소평가되어 왔다고 인식한다. 이 집단들은 이와 같은 인식하에서 도시 재생에 의해 판촉되는 문화를 천박하거나 '복제된' 문화로 보고 저항했다. 이 집단들은 자신들의 문화가 판촉되는 문화보다 '진품'이며 '유기적'이거나, 깊이 뿌리내린 문화들을 대변한다고 주장한다.

　도시 재생이 판촉하는 문화에 대한 반대를 나타내는 수단은 다양하다. 행진과 시위는 오랫동안 도시 저항의 중요한 형태였다. 1980년대 초부터 시작된 런던 도크랜드의 개발 역사에는 도크랜드 포럼(The Dockland Forum)과 같은 지역사회 집단들의 저항이 늘 따라다녔다. 이러한 시위 중에는 1984년 여러 척의 배가 지역사회의 저항을 지지하는 뜻으로 국회의사당을 지나 항해한 '피플즈 아르마다(People's Armada)'가 있다(Rose 1992). 종종 반대는 간접적인 방법으로 표현되며, 개발에 의해 위협받는 커뮤니티, 역사, 장소에 대한 소속감 등을 잘 표현하고 있다. 이러한 저항은 장소에 대한 저항적 입장의 해석을 담은 출판 사업, 포스터와 예술 캠페인, 뉴스레터, 지방 정부와 중앙 정부에 대한 청원을 포함한다(J. M. Jacobs 1992; Hall and Hubbard 1996).

반대 집단의 특성과 조직은 아주 다양하다. 어떤 집단은 조직과 자금이 잘 갖추어져 있고, 민주적 계획과 개발 등 전문가적인 문제에 주로 개입하며, 연구자들과 전문가들의 지식과 의견을 활용한다. '시민을 위한 버밍엄(Birmingham for People)' 같은 커뮤니티 계획 집단이 이에 해당된다. 다른 집단들은 지역사회의 정서를 분명하게 표현하기 위해 예술가들의 재능을 빌린다. '변화의 예술(Art of Change)' 집단을 끌어들인 도크랜드 커뮤니티 포

사진 8.2 신규 개발이 미친 영향에 항의하는 내용의 그래피티 / 출처 : Matt Halstead

스터 캠페인(Dockland Community Poster Campaign)이 그 좋은 예이다. 특정 개발 자체에 저항하기 위해 형성된 다른 집단은 좀 더 비공식적이며 즉흥적이다(Dunn and Leeson 1993). 가장 흔히 나타나는 도시 재생 개발에 대한 저항은 도시 재생이 지역사회에 미치는 물리적·경제적·문화적·심리적 영향, 개발에 대한 민-관 협의의 부족, 기존 계획 법규의 무시, 새로운 개발에서 사회적·지역적 공동체를 위한 시설의 부족 등에 대한 것이다. 이들 집단의 목적과 접근 방법의 이질성 및 다양성 때문에 그들의 영향과 효과를 평가하는 것은 쉽지 않다. 지방 정부 당국과 개발업자들에 대한 그들의 관계는 긴밀한 협의로부터 노골적인 적대 관계에 이르기까지 다양하다. 과도한 일반화의 위험성이 있지만, 이들 집단의 영향은 지방 정부와 개발업자들의 목표에 있어서 비교적 중요성이 덜하다고 말할 수 있을 것이다. 종종 반대 집단에 명목상에 불과한 권리나마 주어지거나, 개발업자들이 공동체 문제에 관심을 기울이고 있는 것처럼 보이는데, 이는 개발이 민주주의, 협의, 공동체적 개입을 통해 이루어지는 것처럼 보이기를 원하기 때문이다(Hall and Hubbard 1996 : 166).

프로젝트 아이디어

잘 아는 한 도시의 경제적 복지의 수준을 지도화할 수 있도록 센서스 자료를 수집하라. 센서스 자료는 20년 간격의 두 시기의 자료여야 한다. 그 도시의 고유한 빈곤의 지리(geography of poverty)를 알아낼 수 있는가? 조사 기간 동안 빈곤의 지리에 어떤 변화가 있었다는 증거가 있는가, 아니면 동일한 패턴이 유지되고 있는가? 패턴이 있다면 당신이 관찰한 패턴이 나타난 이유를 설명할 수 있는가?

에세이 주제

- 21세기 도시에서 사회적 양극화는 불가피하다는 주장에 대해 사례와 함께 토의하시오.
- 도시에서 문화적 발전은 '대안적인' 문화 집단을 위한 공간과 발언권을 효과적으로 부정하면서 경제 발전과 밀접하게 연관되어 왔다. 이를 논의해 보라.

주제별 읽을거리

- 도시 정책의 맥락하에서 미국 도시의 빈곤을 민족적 차원과의 특수한 관계를 고려하면서 탐구하는 흥미로운 논문들은 다음과 같다.

Boger, J. C. and Webner, J. W. (eds) (1996) *Race, Poverty and American Cities*, Chapel Hill, NC: University of North Carolina Press.

- 지난 50년간 런던의 경제 변화 및 사회적 귀결에 대한 상세한 검토를 다룬 문헌은 다음과 같다.

Hanmett, C. (2003) *Unequal City: London in the Global Arena*, London: Routledge.

- 유럽 도시의 사회적 배제에 대한 중요 논문집은 다음과 같다.

Madanipor, A., Cars, G., and Allen, J. (eds) (1998) *Social Exclusion in European Cities: Processes, Experiences and Responses*, London: Jessica Allen.

- 영국 도시의 불평등의 다양한 차원을 다루는 뛰어난 논문집은 다음과

같다.

Pacione, M. (ed.) (1997) *Britain's Cities: Geographies of Division in Urban Britain*, London: Routeldge.

▪ 핵심 쟁점에 대한 간결하고도 깊이 있는 검토를 이룬 문헌은 다음과 같다.

Pacione, M. (2001) *Urban Geography: A Global Perspective*, London: Routedge (Chapters 15).

웹 자료

Neighbourhood Statistics(UK) http://neighbourhood.statistics.gov.uk

US Census Bureau www.census.gov

Joseph Rowntree Foundation www.jrf.org.uk

지속가능성과 도시

Sustainability and the city

5가지 주요 개념

- 도시는 세계적 환경 문제의 주요 원인 제공자이다.
- 도시 내 환경의 영향은 사회적으로 조정된다.
- 지속가능한 도시 형태에 대한 다양한 모델이 제안되었다.
- 서구 정부는 경제 성장과 환경적 지속가능성이 양립할 수 있다고 주장한다 (생태적 근대화로 불리는 입장).
- 급진적 비판자들은 경제 개발이 환경적 지속불가능성의 근본 원인이라고 주장한다.

서론

도시는 환경적 외부 효과를 생성하고 분배하는 중심이다. 환경적 외부 효과는 도시 내부 및 도시 외부에 불균등하게 전달된다.

(Haughton and Hunter 1994 : 52)

전통적으로 도시지리학 주류 내부에서는 도시의 인간적 측면에 과도하게 초점을 맞춰 왔다. 지리학자들과 그 외의 사람들이 도시의 자연지리를 연구해 왔지만[예를 들어 『도시와 자연 과정*Cities and Natural Processes*』(Michael Houghs 1995)와 『도시 속의 자연*Nature in Cities*』(Ian Laurie 1979) 참고], 이들은 주류 도시지리학에 상대적으로 거의 영향을 미치지 못했다. 그러나 도시의 자연지리는 변화하고 있기 때문에 이는 수년 내에 도시지리학의 핵심 쟁점의 하나로서 도시지리학의 활동과 관심을 크게 재고하는 데 근본적인 영향을 주게 될 것이다. 1990년대 말에 학자, 정치가, 압력 단체, 언론 사이에서 세계적·지역적·소지역 규모에서 지속가능성에 대한 논쟁이 폭발적으로 증가하였다. 이들 논쟁의 대부분은 도시에 집중되었으며, 보다 지속가능한 세계로 나아가는 길에서 도시는 핵심적인 장애 요인으로 드러났다. 도시가 환경의 변화에 영향을 미쳐 왔고, 계속해서 근본적인 영향을 미치게 될 것이며, 현재의 관심이 진지하게 받아들여 진다면 환경이 도시의 발달에 영향을 미칠 것이라는 사실은 분명하다. 이러한 이유로 지속가능성의 문제와 도시와 환경 사이의 상호 관계는 미래 도시지리학의 핵심으로 등장하게 될 것이다.

모든 것이 그렇듯이 지속가능성의 문제가 전적으로 환경적인 것만은 아니며, 수많은 경제적 과정과 사회적 형태도 지속불가능하다는 것이 점점 분명해지고 있다. 예를 들어, 1999년 말에 북부 잉글랜드 한 이너시티의 부동산들이 되돌릴 수 없을 만큼 쇠퇴했기 때문에 철거되어야 한다는 요구가 있었다. 이것이 올바른 과정인가 하는 것은 논외로 하더라도, 그 부동산들이 현 상태에서 지속불가능하다는 것은 분명하다. 또 유럽과 북미 대도시의 인구 유출이 도시의 미래 경쟁력에 위협이 된다는 주장도 있다

(Mohan 1999). 따라서 지속가능성과 관련된 비판은 도시화의 인문적 측면과 환경적 측면 모두에 적용되어 왔다. 이러한 비판이 우려하는 것은 도시, 근린, 지역의 경제적·사회적 경쟁력이 문제될 뿐만 아니라 환경적 경쟁력도 불확실하며, 최근 전개되는 도시화 과정은 전 세계 환경에도 일련의 위협이 되고 있다는 것이다. 앞으로 지리학자들은 도시화 과정의 사회적 정의와 부정의(justice and injustice)의 문제뿐만 아니라 도시화 과정에서 발생한 환경적 정의와 부정의의 문제도 연구해야 할 것이다.

도시와 환경의 상호 관계에 대한 논쟁에는 세 가지의 핵심적인 측면이 있다. 개요는 아래와 같다. 여기서 강조하는 많은 과제들은 관련된 토론에서 뽑은 것이다.

- **환경에 대한 위협으로서의 도시** 도시는 오염, 자원 고갈, 토지 전용 등 세계적 환경 문제의 주요 원인 제공자이다. 도시는 단지 전 세계 토지의 2%를 차지하면서도 세계 인구의 50%를 수용하고 있으며, 매년 5500만 명이 증가하고 있고, 세계 자원의 3/4을 소비하며, 전 세계 폐기물과 오염 물질의 대부분을 배출하고 있다(Blowers and Pain 1999 : 249). 이러한 게걸스러움은 도시 성장률의 증가에 따라, 특히 개발도상국에서 더욱 증가하게 될 것이다. 한편 도시 거주자들의 환경 수요는 엄청나게 증가하였다. 예를 들어, 선진국 도시 거주자들은 개발도상국에 비해서 매일 거의 두 배의 폐기물을 배출한다(Haughton and Hunter 1994 : 11). 선진국과 개발도상국 간뿐만 아니라 선진국들 내 및 개발도상국들 내에서도 큰 차이가 있다. 과거에는 이들 문제의 영향이 국지적이었던 반면에, 도시화의 규모와 그에 상응하는 문제의 규

모로 인하여 그 결과가 전 세계적으로 나타나고 있다. 예를 들어, 도시는 도시 인근 지역에서 보다 전 세계에서 자원을 끌어들이고 있다. 또한 도시가 배출한 오염 물질은 전 세계로 퍼져 나간다. 오존층 파괴의 발견은 도시와 도시 발전 과정이 만들어 내는 위협을 분명하게 보여 주었다.

• **도시에 대한 위협으로서의 환경** 도시가 만들어 낸 환경 문제는 도시 내에서 가장 심각하다(Blowers and Pain 1999). 오염과 오염 현상(예를 들어 심각한 광화학 스모그) 등의 환경 문제는 이미 오래되었으며, 수많은 전 세계 도시 거주자들의 일상생활에서 점점 분명해지고 있다. 게다가 이전 산업 지역의 토지 오염 문제는 많은 도시에서 도시 발전의 심각한 장애가 되고 있으며, 어떤 지역에서는 개인의 건강에 직접적인 위협이 되고 있다.

• **환경 영향과 환경 비용의 조정자로서 사회적 과정** 탈산업화와 같은 경제적 과정의 영향이 사회집단에 따라 다른 것처럼(4장 참조), 도시화의 환경적 결과와 비용의 영향도 사회집단에 따라 다르다(Haughton and Hunter 1994). 도시화에 따른 환경 문제는 특히 도시 사회의 가장 취약한 집단에 심각한 영향을 미치는 경향이 있다. 이들 집단은 환경 문제의 영향으로부터 스스로 벗어날 수 있는 가능성이 거의 없다. 그들은 한계 토지, 어떤 경우에는 오염된 토지와 같이 아무런 계획도 없고 최소한의 시설만이 있는 곳에 거주하게 될 가능성이 크다. 개발도상국의 경우, 취약 집단은 홍수나 지진, 토지 오염, 하수 배출 등으로부터 위협 받는 반면에, 부유한 집단은 상대적으로 위험에서 벗어나 있다는 것은 집단별 차별성을 분명하게 보여 준다. 이러한 대조는 정도의

차이는 있지만 선진국 도시에서도 똑같이 나타난다.

도시의 생태 발자국

도시가 환경에 미치는 영향의 순수한 규모는 도시의 생태 발자국 (ecological footprint, Blowers and Pain 1999; Massey 1999)과 도시의 세계 배후지 (global hinterlands) 개념을 통해 잘 파악할 수 있다. 현대의 도시를 유지하기 위해서는 도시 주변 지리적 배후 지역 너머에 있는 대규모의 땅과 물을 끌어들여야 하고, 도시는 다시 그 땅과 물에 영향을 미치게 된다. 도시를 목적지로 하거나 도시에서 파생되는 이러한 생태적 관계는 생태 발자국을 통해 시각화할 수 있다. 리스(Rees 1997 : 305)는 도시의 생태 발자국을 '그 땅이 지구 상 어디에 있든 간에 지속적으로 도시 인구가 소비하는 자원과 배출한 폐기물을 처리하는 데 필요한 생산적인 토지와 물의 총면적'으로 정의한다. 예를 들어, 캐나다 밴쿠버의 생태 발자국은 도시 면적의 180배 이상으로 추정되며, 런던은 125배로 추정된다. 생태 발자국의 개념은 도시가 환경에 미치는 영향이 도시마다 다르다는 것을 보여 준다. 지속가능한 도시 개발을 달성하기 위해서는 도시의 생태 발자국의 감소가 무엇보다 중요하다(Girardet 1996 : 24~25; Blowers and Pain 1999).

지속가능성의 정의

　지속불가능성은 환경 수용력(environmental capacity)이 한계에 도달하거나 그 한계를 넘어섬으로써 미래 어떤 시점에서 발전이 손상되거나 위협받게 되는 것을 의미한다. 지속불가능성의 예로는 재생 불가능한 자원이 고갈될 때까지 감소되거나, 독성 물질을 흡수하거나 희석시키려면 환경에 복구할 수 없을 정도로 심각한 손상을 줄 정도로 배출하는 것 등이 있다. 지속불가능성은 국지적인 것에서 세계적인 것까지 다양한 규모에서 나타날 수 있다. 국지적 규모에서는 이미 과잉 이용(over-exploitation)과 과잉 오염(over-pollution)의 결과로 많은 장소들이 환경적 한계를 초과하여 거주할 수 없는 곳이 되었다.

　환경적 한계와 수용력이란 무엇이며, 어디에서 문제가 되는가 하는 것은 논란이 많은 주제이다. 한계의 범위에 대한 시각은 환경 수용력을 확고하게 보느냐 신중하게 보느냐에 달려 있다(Mohan 1999). 또한 환경 수용력은 확정적인 것도 아니며 절대적인 것도 아니다. 환경 수용력은 유전자 변형 유기물 등 신기술의 실용화에 의해 확장될 수 있다. 그러나 여러 가지 기술적 만병통치약들은 전혀 다른 방식, 본질적으로 예상치 못한 방식으로 환경 수용력을 손상시킬 수 있다.

　반면에 지속가능성의 개념은 최근 수많은 개발 패러다임의 중심에 자리를 잡았다. 지속가능발전의 개념은 환경의 과잉 부담을 향한 멈출 수 없는 행진이 아니라 이론상으로는 환경의 한계를 넘지 않고 무한히 환경의 한계 내에 머물 수 있도록 하는 다양한 방법을 의미한다. 가장 많이 인용되는 지속가능발전의 정의는 세계환경발전위원회(World Commission on Environment and Development, WCED, 1970)에 의한 브룬트란트(Brundtland)의 정의이다. 지속가능발전이란 '미래 세대의 필요를 충족시킬 수 있는 능력을 손상하지 않고 현 세대의 필요를 충족시키는 발전'이다. 이 정의는 유용한 측면에서도 불구하고 필요가 절대적이지 못하다는 문제가 있다. 블로워즈와 패인(Blowers and Pain 1999 : 265)은 '북반구 도시에서 필요로 간주되는 것이 남반구에서는 사치재일 수 있음'을 지적하였다. 개념의 이해를 돕는 의미에서 브룬트란트 정의는 지속가능발전의 정의로서는 너무 이상적이며 다소 비현실적이다.

토론 주제

지속가능성 개념에서 핵심 논제의 하나는 필요, 욕구, 사치재의 정의에 대한 문화 간의 차이이다. 선진국에서 필요의 정의는 무엇인가? 당신이 주장하는 것이 이러한 맥락에서 전 인류의 생존과 자신이 속한 사회적 삶에 공통된 필요인가? 실제로 이에 대한 합의에 도달할 수 있을까? 이러한 필요의 정의가 개발도상국에도 적용될 수 있는가? 이러한 문화 간 차이가 지속가능발전의 정의와 전파에 미치는 영향은 무엇인가?

경제 발전과 지속가능성

여기서는 경제 발전과 지속가능성의 관계와 관련해서 두 가지 핵심적 측면을 고려하고자 한다. 첫째, 단기적인 경제 발전과 장기적인 환경 필요간에는 갈등이 존재한다(Blowers 1997; Mohan 1999). 선진국 정부는 주로 지속적인 경제 성장을 목표로 한다(Jacobs 1997). 국민을 위한 이 성장의 혜택은 생활 수준의 향상이며, 이는 개인 소비 수준의 증대로 정의된다(Mohan 1999). 블로워즈(1997)는 개인 소비 수준의 향상으로 나타난 개인의 생활 방식과 환경적 지속가능성에 대한 장기적인 공동의 이익은 양립할 수 없음을 강조했다. 많은 저개발국 정부가 선진국의 도시 생활 수준 달성을 원하고 있다는 점을 고려하면 양립 불가능성의 문제는 더욱 분명해진다(Blowers and Pain 1999 : 253~254).

둘째, 앞 장에서 살펴본 바와 같이, 현재의 자본주의 발전과 유연적 축적 체제 때문에 세계적으로 도시 내 및 도시 간 사회적 양극화가 심화되었다. 그러한 불평등은 사회적으로 지속불가능할 뿐만 아니라 환경적으로도 지속불가능하며, 일정 수준의 지속가능발전을 달성하는 데 심각한 장애가 된다(Blowers and Pain 1999). 도시의 빈곤 세대(the generation of poverty)는 환경 악화 세대(the generation of environmental degradation)와 밀접하게 관련되어 있다.

예상한 대로 각국 정부는 자본주의 축적 체제를 재구조화하기보다는 경제 발전 및 개인 소비 수준의 향상과 지속가능발전은 양립할 수 있다고 주장하였다. 아래에서 자세히 설명하겠지만, 이러한 입장을 '생태적 근대화(ecological modernisation)'라 한다. 각국 정부는 개인 소비 수준의 손상 없이 지속가능성을 확보할 수 있는 실행 수단을 찾아 왔다. 선진국 정부의 대략적인 입장은 자본주의의 작동에 근본적인 영향을 주지 않으면서 자본주의의 '녹화(greening)'를 증진시키는 것이었다. 정부가 채택하거나 제안한 수단들은 산업 생산 비용에 환경적 외부 효과 비용을 포함시킴으로써 환경

1972 초기 저작 - Meadows *et al.* 『성장의 한계 The Limits to Growth』; 『생태학자 Ecologist '생존을 위한 청사진 Blueprint for survival'』

1976 Habitat I Forum(UN Conference) - 도시 성장은 환경 문제의 요인임을 규명함. 도시 성장의 둔화 또는 역전을 위한 수단을 지지

1987 세계환경발전위원회(WCED) - 『우리 공동의 미래 Our Common Future』(부룬트란트 보고서) 출간. 선진국과 개발도상국 간 불평등이 세계 지속가능발전의 장애임을 강조

1990 『도시환경녹색보고서 Green Paper on the Urban Environment』(European Commission) - 보다 지속가능한 도시 형태로서 고밀도 도시 지지

1992~1994 리우데자네이루 지구 정상 회의(Earth Summit, UN Conference) - 의제 21(Agenda 21) 채택, 그 당시까지 지속가능발전을 위한 가장 종합적인 프로그램. 핵심 성과는 의제 21이 다루는 문제들의 해석과 적용에 지방 정부가 참여하는 것이었음(Local Agenda 21). 1994년에 조인됨.

1996 Habitat II 도시 정상 회의(the city summit, UN Conference) - 도시와 지속가능발전의 연계에 대한 명시적 탐구. 지속가능발전 달성의 핵심 요소로 조직적 연대와 광범위한 참여를 지지. 핵심 안건은 지역 의제 21(Local Agenda 21).

출처 : Haughton and Hunter(1994 : 21~22); Breheny(1995 : 83); Blowers and Pain(1999 : 268)

비용을 내부화하는 것이었다. 이는 생산 활동에 환경 비용이 포함되어 있다는 것을 기업이 깨닫게 하는 등 많은 점에서 환영을 받았음에도 불구하고 극히 제한적이었다. 이러한 수단으로는 기업들이 단지 오염의 ‘권리’에 대한 비용을 지불하기만 하면 계속해서 환경적 외부 효과를 유발해도 막을 방법이 없기 때문이다(Haughton and Hunter 1994). 또한 그러한 수단은 증가한 비용을 소비자에게 전가할 수 있는 경우에 기업의 이윤 한계에 큰 영향을 미치지 않을 수도 있다. 세계적인 합의와 규제가 없다면, 이 수단은 국제적으로는 효과가 없을 것이다. 기업들은 생산 활동에 대한 환경 규제 비용이 낮거나 없는 곳으로 쉽게 이동할 수도 있다. 이는 세계적 합의가 없이 만들어진 다수의 환경 입법에 내재된 근본적인 문제로, 환경 입법이 지속불가능성을 다른 곳으로 수출하는 결과에 불과할 수도 있다는 것을 보여 준다. 세계적 차원에서 그러한 수단들은 제로섬 성장에 불과하기 때문에 지속가능성에 대한 기여는 제한적일 수밖에 없을 것이다.

각국 정부는 기업 활동의 ‘녹화’를 장려해 왔고, 선진국에서는 이러한 활동이 기업 행태의 중요한 측면이 되었다. 하지만 그러한 수단은 세계적 규제 기준의 부재로 인해서 극히 제한적인 영향력을 가질 것이다. 기업의 녹색 전략 채택이 자발적인 수준에서 이루어지기 때문에 그러한 수단은 불평등한 측면을 지닌다. 기업이 채택한 수단의 유형에는 생산 활동에 대한 환경 선언, 환경 정책, 재활용 포장재 사용 등이 있다. 그러나 많은 비판자들은 기업, 특히 기업 활동이 국제적으로 분산되어 있는 다국적 기업의 환경 선언을 문제 삼았다. 다국적 기업의 환경 선언은 개발도상국의 분공장이나, 생산 과정에 포함된 하청 업체를 빼는 경우가 많다는 것이다. 비판자들은 이것을 ‘녹색 세탁(green wash)’이라 부른다.

생태적 근대화를 통한 지속가능발전의 증진과 관련해서 남북 차원(선진국-개발도상국)이 미치는 영향력은 매우 크다. 생태적 근대화 입장은 선진국 정부가 지지하는 것이다(Blowers and Pain 1999). 반면에 개발도상국 정부는 생태적 근대화에 반대한다. 개발도상국 정부는 세계적 환경 규제와 기준 도입의 요구가 개발도상국에게 불공정하며 불리하여 개발도상국의 발전에 장애가 된다고 주장한다. 또한 그들은 생태적 근대화란 세계적 불평등을 영속화함으로써 역설적으로 세계적 지속불가능성을 영속화하는 방식일 뿐이라고 주장한다(Haughton and Hunter 1994). 대부분의 선진국들은 환경 입법이나 회계의 제한을 받지 않고 공업화되었다. 반면에 다수의 개발도상국들은 이미 높은 수준의 개발에 도달한 선진국들이 자신들이 누린 환경적 자유를 개발도상국에게만 불공정하게 부정하려 한다고 주장한다.

세계적인 영향은 적으면서도 그 영향의 대부분이 특정한 소지역에 국한된 지속가능한 경제 발전에 도달하고자 하는 대안적 방안은 소지역에서 대응하고 책임을 지는 사업으로 전환하는 것이다. 이것은 지역 사회 식품 기업과 같이 소지역에서 소유한 소기업의 발달을 포함한다(Haughton and Hunter 1994). 그러한 소기업은 열악한 대중교통수단에 의존해야 하는 이너 시티 취약 집단이 이용할 수 없는 값비싼 슈퍼마켓이나 도시 밖에 위치한 마켓을 대신할 대안을 제공한다. 다수의 공동체 기반 신용 조합과 현금 없는 물물 교환 체계의 등장은 지배적인 경제 과정에 의해 배제된 공동체를 지원하기 위한 '공동체 경제(community economies)'의 발달을 보여 주고 있다.

경제 개발과 지속가능발전의 화해는 경제 개발의 구성 요소에 대한 지배적인 인식을 전환하지 않고서는 불가능해 보인다. 이를 위해서는 단기적인 개인적 수요보다는 경제와 환경 양자에 있어 장기적인 집합적 필요라는 측면을 결합할 필요가 있다(Haughton and Hunter 1994; Mohan 1999). 인식의 전환은 소지역적 규모를 벗어나서는 거의 불가능해 보인다. 이와 함께 위에서 언급한 공동체 과제들은 경제 발전의 대안적 패러다임으로 가장 적합한 규모가 근린(neighbourhood scale)이라는 것을 보여 준다. 그러나 선진국은 근린보다 큰 규모를 대상으로 새로운 패러다임을 실현하고자 하는 아무런 정치적 의지도, 인식도 갖고 있지 않은 것 같다.

도시 규모와 형태

지속가능성과 관련하여 최적의 도시 규모에 대한 많은 논란이 있다. 이러한 논의들은 대체로 도시 규모의 증대를 지속불가능성과 관련시킨다. 도시 규모의 증대는 일인당 에너지 소비를 증가시키며, 도시가 클수록 더 많은 것을 외부의 환경 자원에 의존하게 되는 경향이 있다. 결국 도시가 클수록 대기 오염과 수질 오염 등 더 많은 환경 문제와 관련된다(Haughton and Hunter 1994).

그러나 지속가능성은 다양한 측면을 가지고 있어서, 도시 규모 증대를 부정적으로 보는 주장과는 다른 의견을 가진 사람들이 있다. 브레니(Michael Breheny)는 대규모 취락이 소규모 취락보다 실제로는 보다 지속가능하다는 점을 강조함으로써 이에 반박하였다. 예를 들어 교외 지역으로 고용이 이심화된 곳에서는 기존의 생각과는 달리 잠재적으로 통근 거리가 감소될 가능성이 있다(Breheny 1995 : 84). 또한 브레니는 인구 밀도가 높은 대도시에서 실제로는 상대적으로 낮은 자동차 이용을 보인다는 연구를 인용하였다. 자동차 이용률이 가장 높은 곳은 인구 밀도가 낮은 곳인데, 가장 인구 밀도가 높은 곳에 비해 거의 2배에 달하였다(ECOTEC 1993, Breheny 1995 : 84에서 재인용). 아울러 대도시는 넓은 지역에 발달된 대중교통 체계를 갖는 경향이 있다(Breheny 1995 : 84). 또 다른 의견은 대도시가 소규모 취락보다 더 큰 정치적·관리적 인프라를 지니고 있어서, 최소한 이론적으로 환경 문제를 관리하고 처리하기 위해 동원할 수 있는 더 큰 정치적 자원을 갖고 있다는 점을 강조한다(Haughton and Hunter 1994 : 75). 마지막으로 베어록(Bairoch 1988)은 대도시가 오랫동안 혁신과 기술 발달의 비옥한 요람이었음을 지적하였다. 혁신과 기술의 발달은 미래의 지속가능성을 향상시키는 데 긴밀하게 기여할 수 있다. 그리고 이러한 혁신의 상당 부분은 대도시가 자체의 환경 문제를 관리하고 해결하기 위한 필요에서 나온 것이라고 할 수 있다.

최적 도시 규모의 문제는 복잡한 문제이며 쉬운 해답이 없는 문제이다. 그러나 호튼과 헌터(Haughton and Hunter 1994)는 보다 중요한 것은 도시 규모 자체가 아니라 도시의 형태, 과정, 관리라고 하는 도시의 '내부 조직'이라는 점을 지적하였다. 이 문제는 다음 부분에서 다룰 것이다.

도시의 형태와 지속가능성의 관계에 대해 수많은 논쟁이 있었다. 유럽연합의 도시 환경 녹색 보고서(Green Paper on the Urban Environment, 1990), 영국 환경부의 지속가능발전 전략(Strategy for Sustainable Development, 1993), 그리고 여러 계획 집단과 환경 압력 단체 등은 다양한 고밀도 압축 도시(high-density compact city) 모델을 지지하고 있다(Breheny 1995 : 83). 이들의 주장은 압축 도시가 미국, 영국, 호주 등의 분산된 도시 형태보다 환경에 더 많은 혜택을 제공한다는 데 바탕을 두고 있다.

- 작은 도시 규모와 복합 토지 이용 개발에 따른 근접성 및 접근성 향상을 통한 연료 소비 감축
- 도시 성장의 필요성과 비도시 지역 보전 필요성의 조화(Breheny 1995)
- 대중교통수단의 수용
- 고밀도 복합 토지 이용 근린에서의 도시 재생 가능성(Blowers and Pain 1999)

압축 도시 모델 지지자들은 다음과 같은 분산적 도시 개발이 갖는 환경 문제를 지적하였다.

- 광범위한 토지의 이용
- 높은 비율의 극심한 수질 오염
- 대규모 정원 용수 공급 등을 통한 높은 물 소비율
- 높은 자동차 이용에 따른 연료 소비 증대 및 그에 따른 대기 오염 및 건강 문제
- 분산적 도시 형태에서 두드러진 단층 단독주택의 열악한 열 관리에 따른 높은 에너지 소비율
- 낮은 폐기물 재사용율(Haughton and Hunter 1994 : 85)
- 넓은 지역에 효과적인 대중교통 제공 실패

압축 도시를 지지하는 호소에도 불구하고, 비판자들은 압축 도시를 지지할 만한 확실한 증거가 없으며, 결과적으로 압축 도시는 대부분 의심스러운 가정에 기초하고 있다고 강력하게 반박한다. 압축 도시 모델과 모델

에 필수적인 도시 봉쇄 정책(urban containment policies)에 대한 가장 설득력 있는 비판은 브레니(1995)가 선도하였다. 이는 상세하게 고려해 볼 만하다.

브레니는 선도적으로 세 가지 점에서 압축 도시 모델을 비판했다. 첫째, 압축 도시 주장은 확실한 증거가 없으며 주로 압축적 도시 형태와 분산적 도시 형태에 대한 일련의 잘못된 가정에 의존하고 있다. 브레니가 확실한 증거가 없다고 하는 이유는 압축 도시 개발을 통해서 유의미한 연료 소비 감소를 달성할 수 없기 때문이다. 광범위한 재도시화(re-urbanization)라는 극단적인 정책을 따른다고 하더라도 에너지 감소율은 기껏해야 10~15% 에 불과하다는 것이다.

> 압축 도시 지지자들이 몇 년에 걸친 전례 없는 엄격한 정책을 통해서 달성할 수 있는 에너지 감축분이 기껏해야 10~15%에 불과하다는 것을 알게 되었을 때도 그렇게 강력하게 지지할 수 있을까? 비록 압축 도시 지지자들이 에너지 감축 수준을 명시하지 않았다고 하더라도 그들이 생각한 것은 이보다는 훨씬 높았을 것이다.
>
> (Breheny 1995 : 95)

그 정도의 에너지 감축은 교통수단 디자인에 개선된 기술을 적용하고 연료비를 인상하는 등 고통이 적은 수단을 통해서도 달성할 수 있다는 브 레니의 지적(1995 : 99)을 고려하면, 극단적인 정책의 추구에 대해서는 더 검 토가 필요할 것이다. 브레니는 분산된 도시를 거의 절대적으로 반대하는 압축 도시 지지자들이 가계 소득이나 연료 가격 등과 같은 다른 요소들이 도시의 형태보다 통행 행태에 더 많은 영향을 미친다는 점을 고려하지 않 았다고 주장한다. 도시의 분산을 제한하거나 역전시키는 것을 목적으로 하는, 압축 도시 모델은 잘못된 목표를 쫓았기 때문에 의미 있는 에너지 감축을 달성할 수 없을 것이다(Breheny 1995 : 92).

둘째, 누구보다 브레니는 압축 도시 개발을 위한 극단적 정책 수단을 지지하는 사람들이 이들 수단의 사회적 비용에 대해서 고려하지 않았다고 주장한다. 대부분의 선진국에서 도시 개발의 지배적인 과정으로서 분산화가 대세임에도 불구하고, 압축 도시를 개발하려는 것은 이러한 지배적인 과정을 근본적으로 역전시키려는 것과 다름이 없다. 이를 달성하기 위한 정책이 사회적으로 무해하지 않은 것은 분명하다. 강압적인 압축과 고밀도화는 도시 내 과잉 인구와 무주택자의 증가를 초래할 수 있다(Breheny and Hall 1996; Blowers and Pain 1999). 나아가 비도시 지역 환경의 보전은 예상치 않은 사회적 결과를 가져올 수 있다. 블로워즈와 패인은 보존된 비도시 지역의 환경에 대한 유혹은 압축 도시의 인구 밀도와 건축 밀도의 증가와 철저하게 대조를 이룰 것이라고 주장한다. 이 때문에 능력 있는 사람들이 교외나 그 너머로 탈출하는 것이 실제로 증가할 수 있다(Haughton and Hunter 1994; Blowers and Pain 1999). 모는 것을 고려할 때, 블로워즈와 패인의 주장에 따르면, 결론적으로 압축 도시 개발은 도시 내 불평등을 강화함으로써 지속불가능성을 영속화하게 된다는 것이다.

덧붙여, 모한(Mohan 1999)은 도시 봉쇄 정책의 필요에 따라 어떤 소지역의 개발을 제한하는 것은 환경적으로 해로운 활동들을 제한이 없는 지역으로 이전시키는 결과만 초래할 뿐이라고 주장한다. 약간 다른 맥락이지만, 이러한 결과는 상대적으로 느슨한 환경법과 규제를 이용하기 위해 다국적 기업들이 생산 활동을 전 세계로 이전시켰던 것에서 이미 밝혀졌다. 따라서 지속가능성의 모든 과제들이 전 세계적인 효과를 갖기 위해서는 국제적인 규제 체계 속에 포함되어야 한다.

마지막으로 브레니는 최근 도시 개발의 성격에서 볼 때 압축 도시 모델의 시행을 기대하는 것은 비현실적이라고 주장한다. 그는 영국의 경우에는 고용의 교외화로 분산의 힘이 너무 강력한 반면에, 계획적·정치적·국가적 의지는 너무 약해서, 의미 있는 도시 봉쇄를 실현할 수 없다고 주장했다(1995 : 91). 최근 영국의 도시 봉쇄 수단은 개발의 '경계 뛰어넘기(boundary jumping)'가 일상화됨으로써 그 성과가 극히 제한적이었다. 압축 도시 모델의 성공에 필요한 도시 생활양식을 광범위하게 홍보하는 것은 도시보다는 비도시 지역을 이상적으로 여기는 대다수 국가의 문화적 특성을 역전시키는 것이며(Colls and Dodd 1986; Short 1992), 다수의 주택 건설업자와 주택 시장의 욕구와도 분명하게 반대되는 것이라 할 수 있다(Mohan 1999). 마지막으로 기존 도시 영역에 대한 투입과 투자는 가까운 미래에 도시 형태의 결정적 변화를 저지하는 내재적 관성을 만들어 낼 것이다(Blowers and Pain 1999 : 280). 같은 맥락에서 블로워즈와 패인(1999 : 281)은 지속가능발전을 위한 압축 도시 모델은 '비실용적이며, 바람직하지도 않고, 비현실적'이라고 하였다.

몇몇 해석자들은 분산적 도시 형태가 갖는 실제적이고 잠재적인 환경적 이익을 인정하였다. 그 이익으로는 기온이 높은 국가의 여름에 대규모 정원의 냉각 효과, 빗물의 광범위한 재사용 가능성, 태양열 판을 위한 공간(Haughton and Hunter 1994 : 89), 부엌 쓰레기와 유기 폐기물의 재활용 및 퇴비화 가능성 등이 있다. 영국의 최근 연구는 '평범한' 정원의 생물 다양성 증진 가능성을 강조하였다.

도시화와 지속가능성이라는 명백히 양립할 수 없는 수요에 실질적으로 대응하기 위해서는 분산화를 역전시키지 않으면서, 획일적인 저밀도 난개발을 막는 한편, 강력한 부심을 중심으로 성장을 집중시켜야 할 것이다 (Brotchie 1992). 예를 들어 고든(Gorden 1991) 등은 다핵심 도시 지역이 실제로는 통근을 줄여서 일인당 자동차 연료 소비를 줄이는 경향이 있다는 것을 인정하였다. 덧붙여 강력한 도시 부심은 도시 내 효과적인 대중교통망의 발달을 가능케 할 수 있다. 블로워즈(Blowers 1993)는 이 주제를 복합 도시 (MultipliCity)* 모델로 개발하였다. 블로워즈는 최근 개발 유형의 맥락에서 볼 때 강력한 대중교통 결절을 개발하는 것과 함께 비도시 지역에서 새로운 취락 개발 및 개발 사업을 진행하는 도시 충전(urban infilling)이 보다 지속가능한 취락 형태에 도달하는 실제적 방안이라고 하였다. 블로워즈는 단순히 도시 규모에 맞추기보다는 더 큰 지역적 규모에서 지속가능성을 제공하는 것이 중요하다고 주장한다.

근린과 지속가능성

'하향식' 해법 또는 모든 도시 문제에 대한 보편적 해법에 대한 광범위한 비판과 같은 맥락에서 지속가능한 도시 형태 개발의 핵심은 근린 수준에서의 개발을 증진하는 것이라는 주장이 있다. 이것은 확실히 도시 형태에 거대한 구조적 변화를 모색하는 것에 비해서 실제적이고 현실적인 선

---

* 블로워즈는 보통 명사인 Multiplicity(다양성, 복합성)를 하나의 도시 내에 사회적 성격이 다른 복수의 도시 지역이 존재한다는 의미로 Multiplicity+City(urban areas) → MultipliCity라는 용어라는 표현하였다(역자 주).

사례 연구 I

Bedzed, 남부 런던의 지속가능한 삶

런던과 같이 거대하고 계속 확장하는 거대 도시는 주택과 관련하여 종종 이중적 문제에 직면한다. 거대 도시는 예를 들어 간호사, 교사와 같은 핵심 공공 부문 노동자들이 구입 가능한 주택을 제공하고, 동시에 개발의 환경적 영향을 최소화해야 할 필요가 있다. 남부 런던 자치구인 서튼(Sutton)의 혁신적인 계획은 앞으로 이들 문제를 다룰 방법에 대한 실마리를 제공한다. 베딩튼 제로 에너지 개발(the Beddington Zero Energy Development, Bedzed)은 벽돌집과 아파트 82동을 비즈니스 공간을 따라 공공 공지와 공공시설의 범위 내에 개발하는 것으로 대규모 구입이 가능하며, 지속가능한 주택의 모델을 보여 준다.

Bedzed 개발의 목표를 달성하는 데는 세 가지 핵심 요소가 존재한다. 에너지 사용을 최소화하는 생태적 디자인, 높은 주택 밀도, 그리고 대중교통망으로의 좋은 접근성이 그것이다. 개별 주택은 난방과 전력 생산을 위해 태양광을 사용하며, 80%의 건축재는 재생된 목재와 강철이다. 건축가 던스터(Bill Dunster)는 개발에 대해서 '우리는 상대적으로 저밀도인 런던 교외를 택하여 교통 허브 주변에 밀집된 고밀도의 생활/노동 커뮤니티로 바꾸었다' 라고 언급하였다. Bedzed 개발은 런던의 심각한 주택 위기의 실현 가능한 해법으로 각광받았다. 예를 들어 런던주택연합의 책임자인 엘런비(Sue Ellenby)는 '이 계획은 우리가 관심을 갖는 혼합 거주권(mixed tenure), 혼합 토지 이용, 재생 에너지 커뮤니티의 유형이었다' 라고 말했다.

Bedzed와 같은 개발이 직면한 심각한 장애물 중 하나는 전통적 개발에 비해서 높은 건축 비용이다. 이로 인해 개발자들은 이윤 한계의 손실을 걱정한다.

택이다. 근린 수준의 계획을 선호하는 것이 상위 수준의 계획을 부정해야 하는 것은 아니지만, 과도하게 중앙 집중화된 정부 체계는 근린의 경제적 · 사회적 재생을 실현하는 데 실패했으며, 미래의 환경적 지속가능성의 실현에도 실패할 수 있다는 것을 인정한다는 점은 분명하다. 그렇기 때문에 근린 수준의 계획은 더 큰 규모에서의 지속가능성을 위한 온상이 될 뿐만 아니라 근린 자체의 문제에 대한 해결책을 제공할 가능성을 갖는다(Carley 1999 : 58).

성공적이며 지속가능한 근린 재생의 핵심은 외부의 해결책이나 청사진을 거부하고, 국지적 상황을 반영한 전문 지식으로 만들어진 해결책이나 청사진을 지지하는 데 달려 있는 것 같다. 호튼과 헌터(1994 : 114)는 이것을 '유기적 계획'이라 하였다. 우리가 살펴본 것과 같이 환경적 지속가능성은 또한 경제적 · 사회적 과정의 작동에 의존하고 있다. 따라서 근린 계획이 성공하기 위해서는 사회적 목표와 환경적 목표를 통합해야 한다(Carley 1999). 폭넓고, 광범위하며, 평생 지속되는 참여에 기초할 때에만 근린 계획 또는 비전은 실현될 수 있고, 또 지속가능할 수 있다는 것을 경험이 보여 준다. 칼리(Carley 1999 : 58)는 참여를 '시민의 권리'로 간주해야 한다고 주장했다.

소규모 근린 수준의 개발은 추상적이고 보편적인 접근에 비해서 지속가능성을 성취하는 데 보다 현실적이며 더욱 큰 가능성을 제공하는 것 같다.

이것은 호튼과 헌터(1999)가 지속가능성 문제에 대해 보다 전체적이고 유연한 국지적 해법을 요구한 것과 같은 맥락이다. 그러나 한 근린에서 효과가 있는 것이 반드시 다른 근린에서도 효과가 있는 것은 아니라는 점을 기억할 필요가 있다.

또한 폐기물의 재활용은 지속가능한 도시의 개발에 아주 중요하다. 연구 결과에 따르면 재활용 계획과 시설을 발전시키고 정보와 교육의 대상으로 삼기에는 근린이 가장 효과적이라고 한다.

도시 녹지 공간

지속가능한 도시를 개발하기 위한 많은 계획들은 '도시 녹화(green the city)'의 요구를 담고 있다. 이것은 식물이 배출물을 흡수하는 것 등과 같이 '도시 내 인간 활동의 영향을 완화시키는' 중요한 역할을 한다는 점을 인정하는 것이다(Haughton and Hunter 1994 : 118). 도시는 규모와 유형면에서 매우 다양한 녹지 공간을 보여 준다. 녹지 공간은 독립적인 개별 식물로부터 가정의 정원, 가로수, 녹색 통로(green corridor), 공원, 황무지, 스포츠 용지와 넓은 계획적 시민 공간들까지 다양하다. 그러나 도시의 녹지 공간은 그것이 무엇이든 심각한 압력을 받고 있다. 녹지 공간의 규모와 숫자는 보다 수익성 있는 토지 이용 개발을 위한 공간의 수요에 따라 줄어들고 있으며, 점점 더 인공적인 디자인에 얽매이게 된다(Haughton and Hunter 1994). 그러나 '도시 녹화'는 단순한 도시 녹지 공간 손실의 감소나 녹지 공간의 증대 그 이상이다. 성공적인 전략이 되기 위해서는 도시 녹지 공간의 유형, 규모,

사진 9.1 다듬어진 도시 경관, 제국 정원(Imperial Gardens), 첼튼엄, 영국

사진 9.2 우연적인 공간, 버려진 철길, 첼튼엄, 영국

그리고 분포에 관심을 기울여야 한다. 더 많은 녹지 공간 자체가 반드시 더욱 녹화된 도시를 만드는 것은 아니기 때문이다.

휴(Hough 1965)는 도시의 전형적인 녹지 공간을 두 가지로 구분하였다. 즉 도시에서 '유래한(pedigree)' 경관과 도시의 잊혀지고 버려진 공간으로서 '우연적(fortuitous)'이며 무계획적인 경관이다.

전자의 경관은 도시의 지배적인 경관으로서 최상의 도시 가치를 상징하는 반면에 여러 가지 점에서 환경적, 생태적인 문제가 있다고 휴는 주장한다. 첫째, 전 세계 도시들과 비교할 때, 유래한 경관은 보편적이고 차이가 없는 경관이라는 것이다. 결과적으로 이들 도시의 경관은 대부분 지역의 문화와 생태를 반영하는 데 실패한 것이다. 둘째, 유래한 경관은 다양성을 억압한다. 도시 경관 계획의 틀은 매우 협소한 범위의 종만을 포함할 뿐이며, 야생동물은 거의 살 수 없다. 나아가 도시의 공간 관리 계획은 잡초와 외래 식물들을 부지런히 제거함으로써 도시 공간의 협소한 생태계를 더욱 가혹하게 악화시키게 된다. 이들 경관은 자연 과정에 따르지 않고 역행한다. 마지막으로 이들 공간의 관리는 자원 집약적이어서 식물 물주기와 수변 공간 조성 등에 막대한 양의 물을 필요로 한다.

이와 반대로 우연적 경관은 다양한 생태적 이점을 갖는다는 것을 휴는 지적하였다. 이들 경관은 다양성의 발달을 허용하며, 대부분 관리되지 않기 때문에 자원을 거의 필요로 하지 않으며, 이곳의 식물들은 지역의 생태계를 반영한다. 이러한 경관에는 유래한 경관과는 대조적으로 실제 자연 과정이 반영되어 있다.

만약 우리가 생태적·사회적 다양성이 도시적 삶의 질과 건강에 필수적이라

고 합리적으로 가정한다면, 우리는 도시 내 자연의 이미지를 결정하는 가치
들을 문제 삼아야 한다. 주택의 앞마당 또는 도시 공원의 식물과 동물들을 조
사해 보면 잔디밭이나 공원보다 공지가 훨씬 더 동물 다양성 및 식물 다양성
이 크다는 것을 알게 된다. 그럼에도 불구하고 잔디나 공원을 육성하는 데만
모든 노력을 기울이고 공지는 억제하려고 한다. 따라서 다음의 문제가 제기
된다. 도시의 버려진 장소들을 재건할 필요가 있는 것인가? 우연적이고 생태
적으로 다양한 경관은 도시의 자연 과정을 보여 주는가, 아니면 디자인을 통
해 만들어진 형식적인 경관인가?

(Hough 1995 : 8~9)

인공적으로 계획된 도시 녹지 공간의 환경적 불이익에 대한 인식은 보
다 우연적인 도시 녹지 공간의 개발에 대한 지지로 이어졌다. 이것의 예는
영국 도시 소지역 자연 보호구(Local Nature Reserves, LNRs)의 발달이다(Box
and Barker 1998). 이들 보호구는 야생 동물의 교육과 연구를 위해 특별히 필
요하거나, 가치가 높은 또는 특별한 관심 대상인 야생 동물 및 자연 특성
들을 보호해야 한다. LNRs는 또한 커뮤니티가 야생동물과 자연 특성에 부
여한 높은 가치를 만족시켜야 하며, 특히 각급 학교에 학습의 기회를 제공
하는 것이 중요하다. 영국 LNRs의 수는 1970년 24개에서 1980년 76개가
되었고, 1990년엔 236개, 1997년에는 629개로 증가하였다(Box and Barker
1998 : 360). LNRs는 커뮤니티의 쾌적성과 교육을 위해 녹지 공간을 제공하
는 데 중요한 부분이며, 자치구 또는 지구 환경 계획의 중요한 결절을 형
성하고 있다. 영국 LNRs의 발달은 다양한 유형의 도시 녹지 공간의 가치
에 대한 재평가라는 점에서 확실히 중요한 진보였다.

도시 녹지 공간의 규모와 분포는 환경적 지속가능성에 있어 매우 중요

하다. 뉴욕 센트럴파크 같은 대규모 도시공원은 도시 경관으로서 유명할 뿐만 아니라 그 가치가 높게 평가되는 경우가 많다. 그러나 도시공원이 도시민에게 미치는 유익한 심리적 영향이 분명함에도 불구하고 실제로는 도시 생태계에 오히려 부정적인 영향을 미칠 수 있다. 그러한 도시공원은 대개 너무 인공적으로 디자인되었으며 다른 도시 경관처럼 협소한 생태계를 지탱하고 있을 뿐이다. 나아가 거대한 도시공원들은 도시 기능을 단절함으로써 자동차 이용의 증가를 초래하기도 한다(Elkin *et al.* 1991; Haughton and Hunter 1994 : 118). 또한 공원 자체가 유명한 일일 통행 목적지가 됨으로써 높은 교통량을 유발한다.

도심의 대규모 공원은 자체적으로 심각한 사회적 문제를 끌어들이기 시작했다. 야간의 뉴욕 센트럴파크는 매우 위험한 곳으로 인식되며, 로스앤젤레스의 맥아더파크는 수많은 마약 거래자와 투약자들의 천국이 되었다. 영국의 연구는 대규모 공원들과 기타 녹지 공간들이 범죄와 안전에 있어서, 특히 여성에게 위협이 되는 장소가 되었음을 보여 준다. 대다수 공원의 열악한 조명과 범법자들을 위한 수많은 잠재적 은신처도 문제이다(Burgess 1998). 이러한 문제들은 대규모 도시 녹지 공간의 쾌적성을 손상시킨다.

대규모 공원들은 도시 내에 넓게 자리를 잡고 있어서, 많은 도시들은 하나의 공원만을 보유하거나 몇몇 눈에 띄는 녹지 공간만을 보유하기 쉽다. 이것 또한 생태적 문제를 초래할 수 있다. 도시 녹지 공간의 상호 연결성은 생물 종들의 이동을 원활하게 하는 데 중요하다. 그래서 많은 도시들은 사용하지 않는 철로를 따라 오솔길을 조성하는 등 '녹색 통로'를 개발하게 되었다.

대규모 공원처럼 몇몇 넓은 공간을 개발하기보다는 근린 공원·커뮤니티 공원·쌈지(pocket) 공원 등을 개발하여 도시 전체에 소규모 공원들을 배치하는 것이 보다 성공적인 도시 녹화 모델이 될 것이다. 생태적 다양성, 쾌적성, 안전 등의 필요를 조화시키는 것은 도시 녹지 공간의 계획과 관리에 핵심이 될 것으로 보인다. 도시의 삶과 문화에서 공원의 핵심적 역할을 무시할 수는 없다. 그러나 녹지 공간을 쾌적성의 가치를 위해서가 아니라 생태적 가치를 위해서 바꾸려는 태도의 변화가 필요하다. 다수의 논자들이 녹지 공간 공급에 있어서 다양성의 확보를 중요하게 인정하였다. 단순히 모든 도시 녹지 공간을 자연 상태로 돌리는 것은 비현실적이며 바람직하지도 않다. LNRs처럼 기존의 형식적 공원을 따라 도시의 자연 공간을 개발하거나 더 넓은 형식적 녹지 공간 내에 자연 공간을 허용하는 것이 보다 설득력 있고 실제적이라 할 수 있다(Haughton and Hunter 1994 : 118; Hough 1995).

도시 녹지 공간은 또한 식품의 생산을 위한 공간으로서 소지역의 지속가능성에 기여할 수 있다. 최근 도시 지역, 특히 식품 공급이 열악한 커뮤니티에서 작물 재배의 가능성에 대한 관심이 증가하고 있다. 브리스틀의 하트클리프(Hartcliffe) 지역에서와 같이 영국의 많은 프로젝트들은 영양 및 요리 교육과 작물 재배를 결합하고 있다. 서구 도시에서는 시민 농장과 같이 오래된 작물 재배의 전통이 있으며, 공식적·비공식적 농업은 개발도상국 도시에서 주요한 토지 이용을 구성하고 있다(Freeman 1991; Haughton and Hunter 1994).

도시의 녹화는 확실히 다양한 방식으로 지속가능한 도시의 개발에 기여한다. 그러나 모든 정책은 도시의 내부적 다양성을 저해하지 않으면서, 녹지 공간에서 쾌적성의 필요와 생태적 필요를 조화시키는 방식을 찾고자 한다.

도시의 교통과 지속가능성

앞부분에서 살펴본 바와 같이, 지속가능한 교통의 문제는 지속가능발전 논쟁의 중심이며, 경제 개발과 도시 규모 및 도시 형태에 대한 논쟁과도 밀접하게 관련되어 있다. 거의 유일한 관심의 초점은 도시 내 및 도시 간 자동차 이용의 증가였다. 자동차 소유와 이용의 증대는 도시의 지속가능 성에 많은 문제를 유발하는데, 여기에 포함된 것들은 다음과 같다.

- 재생 불가능한 자원의 이용(연료, 교통수단, 도로 건설재)

- 경관의 훼손과 손실

- 호흡기 문제와 교통 관련 사고에 따른 건강 문제

- 온실가스의 배출(Blowers and Pain 1999; Mohan 1999)

• 차별적 이동성과 관련된 사회적 불평등의 발생과 악화

도시 내 자동차 이용의 증가는 대부분 평균 이동 거리의 증가에 따른 것
이며(Haughton and Hunter 1994), 가장 급격하게 증가한 것은 소매 활동 및 레
저 시설이 교외 지역으로 분산됨으로써 발생하는 쇼핑 및 레저 활동과 관
련된 통행이다(Mohan 1999). 그와 함께 지속불가능한 통근 유형도 증가했
다. 미국의 연구에서 1980년과 1990년을 비교할 때 '나홀로 운전(drive-
alone)' 통근이 1980년 64.4%에서 1990년에는 73.2%로 증가하였다. 이것
은 통근자 약 220만 명의 증가에 해당하며, 같은 기간에 신규 노동자 증가
보다 훨씬 많은 것이다. 따라서 1980년대 미국의 전체 고용 증가는 모두
나홀로 통근에 흡수되었다(Pisarski 1992; Cervero 1995). 통근과 관련된 지속
불가능한 교통 개발의 원인은 사무실의 교외화이다. 새로운 교외 사무 입
지는 자동차 이용자에 맞추어 디자인되었기 때문에 더욱 많은 교외-교외
(suburb-to-suburb) 통근을 발생시켰다. 그리고 교외-교외 통행에 대한 실행
가능한 대중교통 대안을 제공하는 것은 교외-도심 통근(suburb-to-centre)의
경우보다 훨씬 어렵다.

생산과 노동 활동을 유연적 방식으로 전환함에 따라(4장 참조) 도시 내 자
동차와 모터 교통수단의 이용이 증가할 수 있다. 소규모 일괄 처리 생산,
신속한 대응, 간판방식(just-in-time) 등 유연적 생산은 생산의 공간적 파편
화를 증대시키는 특징이 있다(Harvey 1989a). 그러한 변화는 시간표와 선로
때문에 상대적으로 유연하지 않은 철도 등 대량 화물 운송을 통한 효율적
이고 효과적인 이동을 실질적으로 불가능하게 한다. 유연적 생산 방식은
택배업자나 소규모 운송업자의 소형 교통수단에 의한 수많은 단거리 통행

을 필요로 한다(Mohan 1999). 이와 마찬가지로 유연적 근무 시간과 같은 유연적 업무 행위의 증가는 도시 내 규칙적인 통근 유형을 해체하기 시작했다. 근무 시간대가 보다 유연해 질수록 교외에서 도심으로 통근자들의 단일한 대량 이동은 하루 중 시간대가 다른 더욱 복잡하고 소규모화된 통근 이동망으로 대체될 것 같다. 또한 그러한 이동에 대응할 경쟁력 있는 대중교통망은 거의 불가능한 것 같다(Mohan 1999).

몇몇 저자들은 통신이 개선되면 미래에는 재택근무를 통해 도시 내 높은 통근량을 제거할 가능성이 있다고 인정했다. 컴퓨터 터미널을 통한 가상 통근이 자동차를 통한 실제 통근을 대체할 수 있기를 바란다. 잠재적 가능성이 분명히 존재함에도 불구하고 현실의 전망은 훨씬 좋지 않다. 지난 20년 동안 주간 근무일 전체 혹은 일부분을 집에서 근무하는 사람들의 수가 크게 증가하였지만, 여전히 전체 노동력의 조그마한 일부분에 불과하다. 1990년까지 미국에서 전체 노동력의 3%만이 완전히 또는 부분적으로 집에서 근무했다(Pisarski 1992). 재택근무가 광범위하게 확산되는 데 장애가 되는 이유 중 하나는 재택근무로 인해 사무실의 사회생활 및 업무상의 기회로부터 단절되거나 그렇게 느끼게 되는 노동자들의 인식이다(Saloman 1984; Cervero 1995).

향후 도시의 자동차 이용 감소에 대한 전망은 보잘 것 없다. 이는 자동차 이용의 감소가 동등한 대중교통 대안이 없는 곳에 사는 개인에게 불이익을 줄 수 있다는 점과 상업과 레저 등의 시설이 최근 자동차 중심의 도시 재구조화에 따라 분산되는 경향이 있다는 점 때문이다(Blowers and Pain 1999). 마찬가지로 정부, 최소한 자동차 의존적 서구 사회의 정부는 개인의 자동차 이용에 대한 진지한 대중교통 대안을 제시하기 위한 정책을 추진할 능력도, 의지도 없는 것 같다(Mohan 1999). 그렇지만 필연적으로만 보이는 자동차 소유와 이용의 증가를 제한하는 데 성공한 몇몇 사례를 찾아볼 수는 있다(사례 연구 J 참조).

드러난 환경 문제와 건강 문제 외에 자동차 의존적 도시들은 이동성에 따른 사회적 불평등의 새로운 차원을 열었다. 자동차 소유의 증가는 사회적으로 불평등하다. 동시에 특히 민영화와 탈규제에 따른 대중교통의 쇠퇴는 도시 사회의 가장 취약한 집단에게 가장 심각한 영향을 미치고 있다. 나아가 이들 집단은 자동차가 유발한 문제들의 영향이 가장 심각한 지역에 거주하는 경향이 있다(Blowers and Pain 1999). 이들 문제에는 도시 외곽 시설들과의 경쟁으로 인한 근린 시설의 쇠퇴와 같은 자동차가 유발한 간접적인 문제들뿐만 아니라 오염과 혼잡 등이 포함된다(Haughton and Hunter 1994).

우리는 이제 이 책을 통해서 지적하고 있는 사회적 불평등의 확대뿐만 아니라 '교통 부자'와 '교통 빈자'의 불평등을 덧붙일 수 있다. 이동이 제약된 교통 빈자들이 도시 인구의 많은 부분을 차지하고 있으며, 다수 서구 국가의 도시 인구 40~60%가 기본 시설에 대한 접근성 감소로 고통을 받고 있다는 증거가 있다(Engwicht 1992; Haughton and Hunter 1994)

자동차는 환경적 불평등을 만들고 지속하는 주요 수단이 될 수 있다.

(Reade 1997 : 98)

영국의 빈곤한 사람들의 주된 관심 중 하나는 교통이다. 가난한 사람들의 삶은 불평등한 이동성에 의해 더욱 파괴된다. 그러한 불평등은 그들을 앞서나갈 수 있는 나머지 세상 사람들의 능력에 비교해서 그들 자신은 떠날 수 없는 무능력을 의미한다.

(Monbiot 2000 : 22)

사례 연구 J

도시의 자동차 이용 제한 : 국제적 사례

세계의 도시 중에는 자동차 이용 감축에 성공한 도시들이 있다. 이들 도시는 싱가포르, 홍콩, 브라질의 쿠리치바(Curitiba), 취리히, 토론토, 오리건 주의 포틀랜드 등이다. 감축을 달성한 방법은 서로 다르지만, 이들 사례로부터 몇 가지 공통점을 찾을 수 있다. 특히 네 가지 원칙이 중요하다.

- 자동차 감축 계획은 도시 전체에서 이루어지도록 할 필요가 있다.
- 도시는 광범위한 대중교통망을 제공해야 한다. 대중교통망은 도시 교통수단인 자동차처럼 효율적이고 유연할 수 있도록 해야 하고, 토지 이용과 통합되어야 한다. 대중교통 인프라와 교통수단은 높은 품질과 쉽게 알아볼 수 있는 체계여야 한다.
- 도시의 디자인과 소매 활동의 재활성화는 공공 영역이 보행과 자전거 이용을 촉진할 수 있도록 매력적이고 안전하게 만드는 것을 목표로 두어야 한다.
- 금전적 혹은 물리적 접근 수단(주차 용량 감축 등) 등을 통해 자동차 이용에 제한을 두어야 한다.

대안적 통행을 증진하기 위해 디자인된 도시의 가장 발전된 사례는 브라질의 쿠리치바이다. 여기서는 희소한 자원을 자동차 대신에 대중교통에 쏟는다. 도시가 실제로 대중교통망 주위로 성장하고 발전하도록 하기 위해서 새로운 도시 개발은 대중교통로를 따라 이루어지도록 하였다. 이와 함께 도심은 보행자 중심으로 바뀌었는데, 이전의 혼잡했던 도로에 나무가 심어지고 보행로로 전환되었다. 이러한 수단의 영향은 다음과 같다. 매일 130만 명 이상이 대중교통 이용, 브라질 최저 수준으로 대기 오염 감축, 도시 전체에서 연료 소비 25% 감축 등이다(Rabinovitch 1992).

출처 : Newman(1996)

지속가능성의 정치

다수의 선진국 정부는 지속가능발전과 경제 성장이 양립할 수 있다고 주장한다. 즉, 경제 성장이 지속불가능에 대응할 수 있는 능력과 자원을 창출한다고 주장한다. 지속가능발전과 관련된 선진국의 정책은 독성 물질 배출 규제 입법처럼 생산 과정에 생태적, 환경적 기준을 통합하는 것을 핵심으로 한다(Blowers and Pain 1999). 또한 그러한 수단은 오염 물질을 배출하는 공장과 같이 드러난 환경 문제를 직접적인 목표로 한다. 이러한 입장은 지속불가능성을 개인과 기업이 그들의 활동의 환경적 결과에 대해 관심이 부족했기 때문인 것으로 파악한다. 이것은 생태적 근대화 입장을 지지하는 사람들의 주장과 마찬가지로 국가의 입법과 규제를 통해서 개인과 기업의 환경에 대한 책임을 일깨워줌으로써 해결할 수 있다고 주장한다.

생태적 근대화의 주장을 비판하는 사람들은 아주 급진적인 입장을 취한다. 그들은 사회적·환경적 차원에서 지속불가능성이 현재 개발 과정의 필연적인 결과라고 주장한다. 이러한 개발은 경제적 · 지역적 불평등의 창출과 영속화 및 환경의 착취에 의존하고 있다는 것이다. 급진주의자들은 경제 성장을 지속불가능성을 제거하는 길이 아니라 근본적인 원인으로 파악한다(Harvey 1996; Blowers and Pain 1999). 이러한 급진적 입장은 많은 환경 압력 단체의 특징이다.

이들 두 입장은 많은 점에서 양립할 수 없다. 전자는 경제 성장을 지원하는 신자유주의 국가의 제도 속에 굳게 자리 잡고 있으며, 후자는 그것에 반대하며 제도의 밖에 있다. 지배적인 생태적 근대화 입장에 대한 급진적 입장의 영향은 확실히 미미하다. 그러나 하비(1996), 블로워즈와 패인(1999 : 272) 등이 지적한 '문제에 대한 관심을 불러일으키고 싸움, 특히 소지역 수준의 싸움에서 승리하는 등의 두드러진 성공'에는 어느 정도 영향을 미쳤

프로젝트 아이디어

여러분의 지역에서 실행중인 다양한 지속가능발전과 관련된 정책들(예 : 여러분이 속한 대학, 지방 정부, 소지역 또는 지역 조직, 지역 정부, 공기업, 사기업)을 조사하시오. 아울러 지속가능발전을 홍보하기 위한 특별한 이벤트나 계획에 대해서도 조사하시오. 그들이 활동(교통, 재활용 등)을 위해 찾은 장소들과 이들 장소에 부여한 목표들을 지도에 그려 보시오. 이들 정책에 포함되어 있지 않은 지역을 찾아보시오. 상위 수준(국가 정부나 국제 합의 등)의 정책이나 계획에서 언급한 지역적 격차에 대한 증거를 찾아보시오. 이들 정책이 잘 협력된 결과라고 생각하는가? 이러한 분석과 더 많은 문헌을 바탕으로 여러분의 소지역에 지속가능발전을 보장해 줄 다섯 가지 우선순위를 목록화해 보시오.

다. 이러한 영향은 여러 형태의 참여를 통해서, 그리고 개발에 대한 보다 유형화된 형태의 반대를 통해서 나타났다. 그러나 근본적인 이념적 분열 때문에 지속가능한 개발은 앞으로도 계속 열띤 정치적 논쟁과 투쟁의 주제가 될 것이며, 전 세계 모든 도시적 삶의 형식을 결정하는데 핵심적인 사안이 될 것이다.

에세이 주제

- 지속가능한 도시 개발의 압축 도시 모델은 '실재하지 않고, 바람직하지 않으며, 비현실적'이다(Blowers and Pain 1999 : 281). 이 말에 어느 정도까지 동의하는가?
- 생태적 근대화가 전 세계적으로 지속가능한 도시 개발을 가져온다는 주장에 대해 어떻게 생각하는가?

주제별 읽을거리

이 장에서 언급한 모든 주제들을 다룬 최근에 발간된 책들이 있는데, 대부분은 이 책보다 훨씬 자세하다. 다음은 가장 뛰어난 문헌이다.

- 지속가능한 도시 개발에 대한 건축과 디자인의 기여를 조사한 문헌은 다음과 같다.

Girardet, H. (2004) *Cities, People, Planet: Livable Cities for a*

Sustainable World, Chichester: Wiley Academy.

■ 핵심 주제에 대한 탁월하고 종합적으로 개관한 문헌은 다음과 같다.

Haughton, G. and Hunter, C. (1994) *Sustainable Cities*, London: Regional Studies Association.

■ 자원의 소비자로서의 도시와 지속가능성의 정치학에 대해 주제별로 편집한 문헌은 다음과 같다.

Low, N., Gleeson, B., Elander, I. and Lidskog, R. (eds) (2000) *Consuming Cities: The Urban Environment in the Global Economy After Rio*, London: Routledge.

■ 핵심 저작에 대한 가치 있고 폭넓게 편집한 문헌은 다음과 같다.

Shatterthwaite, D. (ed.) (1999) *The Earthscan Reader in Sustainable Cities*, London: Earthscan.

■ 주로 디자인, 계획, 건축 등의 관점에서 쓴 논문을 광범위하게 편집한 문헌은 다음과 같다.

Williams, K., Burton, E., and Jenks, M. (eds) (2000) *Achieving Sustainable Urban Form*, London: Spon.

웹 자료

Sustainable Cities Network - www.hull.ac.uk/geog/research/html/suscity.html

chapter 10

당신의 도시지리학

Your urban geographies

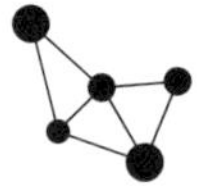

　도시지리학을 고등 교육 기관에서 공부한 후, 다음 교육 과정으로 진학하거나 직업을 구하기 전에 무시해 버리는 대상으로 간주하지 않는 것이 중요하다. 처음으로 도시지리학을 공부하는 여러분이 유념해야 할 것 중 하나는 도시지리학이 추상적이고 이론적인 것이 아니라 많은 사람들의 실질적 일상생활에 뿌리내리고 있다는 것을 깨닫는 것이다. 이 책을 다 읽고 난 후 여러분이 친숙한 공간 및 관련 이슈들에 대한 논의들을 인지할 수 있기를 희망한다. 책에서 보는 것과 거리에서 보는 것을 연결시킬 수 있는 능력은 도시지리학을 당신의 것, 즉 당신의 세계와 경험을 넘어서는 것에 대한 이해를 명확히 하는 중요한 방법이 될 것이다.

　이 책의 도입장에서 어떠한 방법으로든 도시지리학과 관계를 맺지 않고서는 21세기 세계가 맞닥뜨리는 주요 이슈를 해결하기 어렵다는 것을 논한 바 있다. 그렇지만 이러한 관계를 맺을 때 여러분이 비판적 관점으로 받아들이기를 바란다. 도시지리학에 대하여 들은 것을 비판적으로 평가하기 위해서는 여러분의 지식과 세계의 지식을 이용하는 것이 중요하다. 이 책의 3장을 읽었다면 도시지리학이 정적이지 않다는 것이 명확해질 것이다. 도시지리학은 역사적으로 일련의 급진적 변화를 겪었으며, 때로는 이전의 관점을 거부하기도 하였다. 오늘날 도시지리학은 여러분에게 완전하고 전체적인 해답을 줄 수 없다. 중요한 것은 여러분이 이러한 것을 인식하고 특정 이슈에 대하여 많은 논의를 하지 않는 것처럼 보이는 도시지리학의 의미를 생각해 보는 것이다. 도시들은 도시지리학보다 훨씬 급격하게 변화하고 있다. 때로는 도시지리학이 이러한 급격한 변화를 따라가기도 한다. 도시지리학의 강점과 실패를 인식하는 것은 여러분이 도시지리학을 자신의 것으로 만드는 중요한 또 다른 방법이다.

마지막으로 도시지리학을 자신의 것으로 만드는 가장 중요한 방법은 독창적인 도시지리학 연구를 독립적인 연구 혹은 논문의 주제로 수행하는 것이다. 도시 연구 주제의 범위는 방대하지만, 바라건대 이 책이 여러분에게 다양하고 실현 가능한 아이디어를 제공했으면 한다. 도시지리학에서 최근 출현한 많은 논쟁들에 대하여 개괄하는 것은 충분한 가치가 있다. 여러분은 이 중 하나를 자신의 연구 주제로 선택하고자 할 것이다. 지금도 가장 재미있고 흥미로운 의견 중 일부는 도시지리학에 기여하고 있다.

최근 도시지리학에서 나타나는 이슈들

미래에 어디가 중요 논쟁 지역으로 부상할 것인가를 예측하는 것은 항상 어려운 일이지만 현재 나타나는 다양한 이슈를 섭렵하는 것은 도시지리학에서 중요한 일이다. 아래 개략적으로 제시된 이슈들은 대학, 정책 결정자, 다양한 전문가들 사이에서 상당한 관심을 불러일으키고 있다.

- 지속가능한 도시 개발

- 새롭고, 변화하는 도시 거버넌스 형태

- 사회적 양극화와 사회적 배제

- 기술이 도시에 미친 영향

- 글로벌 경제가 도시에 미친 영향과 도시가 글로벌 경제에 미친 영향

주제별 읽을거리

▪ 논문 연구 주제의 변천 과정을 모든 측면에서 주제별로 소개한 문헌은
다음과 같다.

Parsons, A. J. and Knight, P. G. (1995) *How to Do Your Dissertation in Geography and Related Disciplines*, London: Routledge.

▪ 지리학의 주제와 기교에 관해 이해하기 쉬운 글들이 다수 수록된 문헌은
다음과 같다.

Rodgers, A. and Viles, H. (eds) (2002) *The Student's Companion to Geography*, Oxford: Blackwell.

참고문헌

Allen, J. (1988) 'Towards a post-industrial economy?' in Allen, J. and Messey, D. (eds) *The Economy in Question*, London: Sage.

Ambrose, P. (1994) *Urban Processes and Power*, London: Routledge.

Bailey, J. T. (1989) *Marketing Cities in the 1980s and Beyond: New Patterns, New Pressures*, New Promises, Cleveland, OH: American Economic Development Council.

Bairoch, P. (1988) *Cities and Economic Development: From the Dawn of History to the Present*, London: Mansell.

Barke, M. and Harrop, K. (1994) 'Selling the industrial town: identity, image and illusion' in Gold, J. R. and Ward, S. V. (eds) *Place Promotion: The Use of Publicity and Marketing to Sell Towns and Regions*, Chichester: Wiley.

Barnett, S. (1991) 'Selling us short', in Fisher, M. and Owen, U. (eds) *Whose Cities?*, Harmondsworth: Penguin.

Bassett, K. and Short, J. R. (1989) 'Development and diversity in urban geography', in Gregory, D. and Walford, R. (eds) *Horizons in Human Geography*, London: Macmillan.

Beazley, M., Loftman, P. and Nevin, B. (1995) 'Community resistance and mega-project development: an international perspective'. Paper presented to the British Sociology Association Annual Conference, University of Leicester.

Beckett, A. (1994) 'Take a walk on the safe side', *The Independent on Sunday Review*, (27 February): 10-12.

Bianchini, F. and Schwengal, H. (1991) 'Re-imagining the city', in Corner, S. and Haryey, J. (eds) *Enterprise and Heritage: Cross Currents of National Culture*, London: Routledge.

Bianchini, F., Dawson, J. and Evans, R. (1992) 'Flagship projects in urban regeneration', in Healey, P., Davoudi, S., O'Toole, M., Tavsanoglu, S. and Usher, D. (eds) *Rebuilding the City: Property-led Urban Regeneration*, London: Spon.

Bleeker, S. (1994) 'Towards the virtual corporation', *The Futurist*, (March-April): 11-14.

Blowers, A. (ed.) (1993) *Planning for a Sustainable Environment*, London: Earthscan.

Blowers, A. (1997) 'Society and sustainability', in Blowers, A. and Evans, B. (eds) *Town*

Planning into the 21st Century, London: Routledge.

Blowers, A and Pain, R. (1999) 'The unsustainable city', in Pile, S., Brook, C. and Mooney, G. *Unruly Cities? Order/Disorder*, London: Routledge/open University.

Box, J. and Barker, G. (1998) 'Delivering sustainability through local nature reserves', *Town and Country Planning*, (December): 360-363.

Breheny, M. (1995) 'The compact city and transport energy consumption', *Transactions of the Institute of British Geographers*, 20(1): 81-101.

Breheny, M. and Hall, P. (1996) 'Four million households-where will they go?', *Town and Country Planning*, (February): 39-41.

Brotchie, J. (1992) 'The changing structure of cities', *Urban Futures*, (February): 13-23.

Burgess, J. (1998) 'Not worth taking the risk? Negotiating access to urban woodland', in Ainley, R. (ed.) *New Frontiers of Space, Bodies and Gender*, London: Routledge.

Byrne, D. (2001) *Social Exclusion*, Milton Keynes: Open University Press.

Cameron, G. C. (1980) 'The economies of the conurbations', in Cameron, G. C. (ed.) *The Future of the British Conurbations*, London: Longman.

Carley, M. (1999) 'Neighbourhoods-building blocks of national sustainability', *Town and Country Planning*, (February): 58-60.

Carley, M. (2000) 'Urban partnerships, governance and the regeneration of Britain's cities', *International Planning Studies*, 5(3): 273-297.

Castells, M. (1977) *The Urban Question: A Marxist Approach*, London: Edward Arnold.

Castells, M. (1983) *The City and the Grassroots*, London: Edward Arnold.

Cervero, R. (1995) 'Changing live-work spatial relationships: implications for metropolitan structure and mobility', in Brotchie, J., Batty, M., Blakely, E., Hall, P. and Newton, P. (eds) *Cities in Competition: Productive and Competitive Cities for the 21st Century*, Melbourne: Longman Australia.

Champion, A. G. and Townsend, A. R. (1990) *Contemporary Britain: A Geographical Perspective*, London: Edward Arnold.

Christopherson, S. and Storper, M. (1986) 'The city as studio: the world as back lot: the impact of vertical disintegration on the location of the modern picture industry', *Environment and Planning D: Society and Space* 4(3): 305-320.

Cloke, P., Philo, C. and Sadler, D. (1991) *Approaching Human Geography: An Introduction to Contemporary Theoretical Debates*, London. Paul Chapman.

Cochrane, A. D. (2000) 'The social construction of urban policy', in Bridge, G. and Watson, S. (eds) *A Companion to the City*, Oxford: Blackwell.

Coleman, B. I. (ed.) (1973) *The Idea of the City in Nineteenth Century Britain*, London:

Routledge & Kegan Paul.

Colls, R. and Dodd, P. (1986) *Englishness: Politics and Culture 1880-1920*, London: Croom Helm.

Commission to the European Communities (1990) *Green Paper on the Urban Environment*, Brussels: European Commission.

Cooke, P. (1990) 'Modern urban theory in question', *Transactions of the Institute of British Geographers*, (ns) 15(3): 331-343.

Cornwell, R. (1995) 'Joke City of the rust belt reborn in steel and glass', *The Independent*, (11 October): 13.

Cosgrove, D. (1989) 'Geography is everywhere: culture and symbolism in human landscapes', in Gregory, D. and Walford, R. (eds) *Horizons in Human Geography*, London: Macmillan.

Crilley, D. (1993) 'Architecture as advertising: constructing the image of redevelopment', in Kearns, G. and Philo, C. (eds) *Selling Places: The City as Cultural Capital, Past and Present*, Oxford: Pergamon.

Crouch, D. and Ward, C. (1988) *The Allotment: Its Landscape and Culture*, London: Faber.

Davis, M. (1990) *City of Quartz: Excavating the Future in Los Angeles*, London: Verso.

Davis, M. (2003) 'Fortress L.A.', in LeGares, R. T. and Stout, F. (eds) *The City Reader*, London: Routledge (3rd edn).

Department of the Environment (1993) *UK Strategy for Sustainable Development*, London: HMSO.

Diamond, J. (2001) 'Managing change or coping with conflict? Mapping the experience of a local regeneration partnership', *Local Economy*, 16: 272-285.

Domosh, M. (1989) 'A method for interpreting landscape: a case study of the New York World building', *Area*, 21(4): 347-355.

Domosh, M. (1992) 'Corporate cultures and the modern urban landscape of New York city', in Anderson, K. and Gale, F. (eds) *Inventing Places: Studies in Cultural Geography*, Melbourne: Longman/Wiley.

Duffy, H. (1990) 'The squeeze is on', *Financial Times* Section III: Relocation Survey, (26 April): 1.

Duncan, J. (1990) *The City as Text: The Politics of Landscape Interpretation in the Kandyan Kingdom*, Cambridge: Cambridge University Press.

Duncan, J. (1992) 'Elite landscapes as cultural (re)productions: the case of Shaughnessy Heights', in Anderson, K. and Gale, F. (eds) *Inventing Places: Studies in Cultural Geography*, Melbourne: Longman Cheshire.

Dunn, P. and Leeson, L. (1993) 'The art of change in Docklands', in Bird, J., Curtis, B., Putnam, *Global Change*, T., Robertson, G. and Tickner, L. (eds) *Mapping the Futures: Local Cultures*, London: Routledge.

Ecologist (1972) 'Blueprint for survival', *Ecologist*, 2,1.

ECOTEC (1993) *Reducing Transport Emissions Through Planning*, London: HMSO.

Elkin, T., McLaren, D. and Hillman, M. (1991) *Reviving the City: Towards Sustainable Urban Development*, London. Friends of the Earth.

Engwicht, D. (1992) *Towards an Eco-city: Calming the Traffic*, Sydney: Envirobook.

Evans, K., Taylor, I. and Fraser, P. (1996) *A Tale of Two Cities: Global Change, Local Feeling and Everyday Life in the North of England*, London: Routledge.

Eyles, J. (1987) 'Housing advertising as signs: locality creation and meaning-systems', *Geografiska Annaler*, 69B(2): 93-105.

Fincher, R. (1992) 'Urban geography in the 1990s', in Rogers, A., Viles, H. and Goudie, A. (eds) *The Student's Companion to Geography*, Oxford: Blackwell.

Fleming, T (1999) 'Case studies for the creative industries', in Fleming, T. (ed.) *The Role of the Creative Industries in Local and Regional Development*, Manchester: Government Office for Yorkshire and Humberside/Forum on Creative Industries.

Freeman, D. B. (1991) *A City of Farmers: Informal Agriculture in the Open Spaces of Nairobi, Kenya* Montreal: McGill University Press.

Fretter, A. D. (1993)'Place marketing: a local authority perspective', in Kearns, G. and Philo, C. (eds) *Selling Places: The City as Cultural Capital, Past and Present*, Oxford: Pergamon.

Garreau, J. (1991) *Edge City: Life on the New Frontier*, New York: Doubleday.

Girardet, H. (1996) *The Gaia Atlas of Cities' New Directions for Sustainable Urban Living*, London: Gaia Books.

Glass, R. (1989) *Clichés of Urban Doom and Other Essays*, Oxford: Blackwell.

Gold, J. R. and Gold, M. (1990) '"A place of delightful prospects" promotional imagery and the selling of suburbia', in Zonn, L. (ed.) *Place Images in Media*, Savage, MD: Rowman and Littlefield.

Gold, J. R. and Gold, M. (1994) '"Home at last": building societies, home ownership and the imagery of English suburban promotion in the interwar years', in Gold, J. R. and Ward, S. V. (eds) *Place Promotion: The Use of Publicity and Marketing to Sell Towns and Regions*, Chichester: Wiley.

Gold, J. R. and Ward, S. V. (eds) (1994) *Place Promotion: The Use of Publicity and Marketing to Sell Towns and Regions*, Chichester: Wiley.

Goodwin, M. (1992) 'The changing local state', in Cloke, P. (ed.) *Policy and Change in Thatcher's Britain*, Oxford: Pergamon.

Gordon, P., Richardson, H. W. and Jun, M. J. (1991) 'The commuting paradox: evidence from the top twenty', *Journal of the American Planning Association*, 57(4): 416-420.

Gottdiener, M. (1986) 'Recapturing the center: a semiotic analysis of shopping malls', in Gottdiener, M. and Lagopoulos, A. (eds) *The City and the Sign: An Introduction to Urban Semiotics*, New York: Columbia University Press.

Graham, S. and Marvin, S. (1996) *Telecommunications and the City: Electronic Spaces, Urban Places*, London: Routledge.

Greed, C. (1993) *Introducing Town Planning*, Hallow: Longman.

Hall, P. (1995) 'Urban stress, creative tension', *Independent*, (21 February): 15.

Hall, T. (2004) 'Art and urban regeneration', in Blunt, A., Gruffudd, P., May, J., Ogborn, M. and Pinder, D. (eds) *Cultural Geography in Practice*, London: Arnold.

Hall, T and Hubbard, P. (1996) 'The entrepreneurial city: new urban politics, new urban geographies?', *Progress in Human Geography*, 20(2): 153-174.

Hall, T and Hubbard, P. (1998) *The Entrepreneurial City: Geographies of Politics, Regime and Representation*, Chichester: Wiley.

Hambleton, R. (1991) 'American dreams, urban realities', *The Planner*, 77(23): 6-9.

Hambleton, R. (1995) 'The Clinton policy for cities: a transatlantic assessment', *Planning Practice and Research*, 10(3/4): 359-377.

Hamnett, C. (1991) 'The blind men and the elephant: the explanation of gentrification', *Transactions of the Institute of British Geographers*, (ns) 16(2): 173-189.

Hamnett, C. (1995) 'Controlling space: global cities', in Allen, J. and Hamnett, C. (eds) *A Shrinking World: Global Unevenness and Inequality*, Oxford: Oxford University Press.

Hartshorn, T and Muller, P. O. (1989) 'Suburban downtowns and the transformation of metropolitan Atlanta's business landscape', *Urban Geography* 10: 375-395.

Harvey, D. (1973) *Social Justice and the City*, London: Edward Arnold.

Harvey, (1979, 1989) 'Monument and myth', *Annals of the Association of American Geographers*, reprinted in Harvey, D. *The Urban Experience*, Oxford: Blackwell.

Harvey, D. (1988) 'Voodoo cities' *New Statesman and Society* (30 September): 33-35.

Harvey, D. (1989a) *The Condition of Postmodernity*, Oxford: Blackwell.

Harvey, D. (1989b) *The Urban Experience*, Oxford: Blackwell.

Harvey, D. (1996) 'The environment of justice', in Merrifield, A. and Swyngedouw, E.

(eds) *The Urbanization of Injustice*, London: Lawrence & Wishart.

Haughton, G. and Hunter, C. (1994) *Sustainable Cities*, London: Regional Studies Association.

Healey, M. and Ilbery, B. W. (1990) *Location and Change: Perspectives on Economic Geography*, Oxford. Oxford University Press.

Healey, P., Magalhaes, C. de, Madanipour, A. and Pendlebury, J. (2002) *Shaping City Centre Futures: Conservation, Regeneration and Institutional Capacity*, Newcastle upon Tyne: Centre for Research in European Urban Environments, University of Newcastle.

Hewison, R. (1987) *The Heritage Industry: Britain in a Climate of Decilne*, London: Methuen.

Holcomb, B. (1990) *Purveying Places Past and Present*, New Brunswick, NJ: Urban Policy Research Working Paper no. 17.

Holcomb, B. (1993) 'Revisioning place: do- and re-constructing the image of the industrial city', in Kearns, G. and Philo, C. (eds) *Selling Places: The City as Cultural, Past and Present*, Oxford: Pergamon.

Holcomb, B. (1994) 'City make-overs: marketing the post-industrial, North American city', In Gold, J. R. and Ward, S. V. (eds) *Place Promotion: The Use of Publicity and Marketing to Sell Town and Regions*, Chichester: Wiley.

Hough, M. (1995) *Cities and Natural Processes*, London: Routledge.

Howden, D. (2005) 'Wanted: a home for the "herd of white elephants" left by the Athens Olympics', *Independent* (01 April): 27.

Hubbard, P. J. (1996) 'Re-imaging the city: the transformation of Birmingham's urban landscape', Geography, 81(1): 26-36.

Hudson, R. (1989) 'Yacht havens in a sea of despair', *Times Higher Education Supplement* (20 January): 18.

Hudson, R. and Williams, A. (1986) *The United Kingdom*, London: Harper & Row.

Imrie, R. and Raco, M. (eds) (2003) *Urban Renaissance? New Labour, Community and Urban Policy*, Bristol: Policy Press.

Imrie, R. and Thomas, H. (1993) 'The limits of property-led regeneration' *Environment and Planning C: Government and Policy*, 11(1): 87-102.

Imrie, R., Thomas, H. and Marshall, T. (1995) 'Business organisation, local dependence and the politics of urban renewal, in Britain' *Urban Studies*, 32(1): 31-47.

Jackson, p. and Holbrook, B. (1995) 'Multiple meanings: shopping and the cultural politics of identity', *Environment and Planning A*, 27(12): 1913-1930.

Jacobs, J. M. (1992) 'Cultures of the past and urban transformation: the Spitalfields market redevelopment in East London', in Anderson, K. and Gale, F. (eds) *Inventing Places: Studies in Cultural Geography*, Melbourne: Longman.

Jacobs, M. (ed.) (1997) *Greening the Millennium: The New Politics of the Environment*, Oxford: Blackwell.

Jameson, F (1992) *Postmodernism, or the Cultural Logic of Late Capitalism*, London: Verso.

Jencks, C. (1984) *The Language of Postmodern Architecture*, London: Academy Editions.

Johnston, R. J., Taylor, P. J. and Watts, M. L. (eds) (1995) *Geographies of Global Change: Remapping the World in the Late Twentieth Century*, Oxford: Blackwell.

Keil, R. (1994) 'Global sprawl: urban form after Fordism?', *Environment and Planning D: Society and Space*, 12(2): 131-136.

Kelly, A. (2004) 'Bermondsey takes the biscuit', *Guardian*, (20 October): 4.

Knopp, L. (1987) 'Social theory, social movements and public policy: recent accomplishments of the gay and lesbian movements in Minneapolis, Minnesota', *International Journal of Urban and Regional Research*, 11(2): 243-261.

Knowles, R. and Wareing, J. (1976) *Economic and Social Geography Made Simple*, London: Heinemann.

Knox, P. L. (1991) 'The restless urban landscape: economic and socio-cultural change and the transformation of washington D.C.', *Annals of the Association of American Geographers*, 81(2): 181-209.

Knox, P. L. (1992a) 'The packaged landscapes of postsuburban America', in Whitehand, J. W. R. and Larkham, P. J. (eds) *Urban Landscapes: International Perspectives*, London: Routledge.

Knox, P. L. (1992b) 'Suburbia by stealth', *Geographical Magazine* (August): 26-29.

Knox, P. L. (ed.) (1993) *The Restless Urban Landscape*, Englewood Cliffs, NJ: Prentice-Hall.

Knox, P. L. (1995) 'World cities and the organisation of global space', in Johnston, R. J., Taylor, P. J. and Watts, M. J. (eds) *Geographies of Global Change: Remapping the World in the Late Twentieth Century*, Oxford: Blackwell.

Knox, P. L. and Agnew, J. (1994) *The Geography of the World Economy*, London: Edward Arnold (2nd edn).

Lauria, M. and Knopp, L. (1985) 'Towards an analysis of the role of gay communities in the urban renaissance', *Urban Geography* 6(2): 152-169.

Laurie, I. C. (ed.) (1979) *Nature in cities: The Natural Environment in the Design and Development of Urban Green Space*, Chichester: Wiley.

Lewis, P. (1983) 'The galactic metropolis', in Platt, R. H. and Macinko, G. (eds) *Beyond the Urban Fringe*, Minneapolis, MN: University of Minnesota Press.

Ley, D. (1983) *A Social Geography of the City*, New York: Harper & Row.

Ley, D. (1989) 'Modernism, postmodernism and the struggle for place', in Agnew, J. and Duncan, J. (eds) *The Power of Place*, London: Unwin Hyman.

Ley, D. and Mills, C. (1993) 'Can there be a postmodernism of resistance in the urban landscape?', in Knox, P. (ed.) *The Restless Urban Landscape*, Englewood Cliffs, NJ: Prentice-Hall.

Ley, D. and Olds, K. (1988) 'Landscape as spectacle: world's fairs and the culture of heroic consumption', *Environment and Planning D: Society and Space*, 6(2): 191-212.

Leyshon, A. (1995) 'Annihilating space? The speed-up of communications', in Allen, J. and Hamnett, C. (eds) *A Shirinking World? Global Unevenness and Inequality*, Oxford: Oxford University Press.

Leyshon, A. and Thrift, N. (1994) 'Access to financial services and financial infrastructure withdrawal: problems and policies', *Area*, 26, 3: 268-775.

Leyshon, A., Thrift, N. and Daniels, P. (1990) 'The operational development and spatial expansion of large commercial development firms', in Healey, P. and Nao, R. (eds) *Land and Property Development in a Changing Context*, Brookfield, VT: Gower.

Lister, D. (1991) 'The transformation of a city: Birmingham', in fisher, M. and Owen, U. (eds) *Whose Cities?*, Harmondsworth: Penguin.

Loftman, P. (1990) *A Tale of Two Cities: Birmingham the Convention and Unequal City. The International Convention Centre and Disadvantaged Groups*, Birmingham: Birmingham Polytechnic, Faculty of the Built Environment.

Loftman, P. and Nevin, B. (1992) *Urban Regeneration and Social Equity: A Case Study of Birmingham 1986-1992*, Birmingham: University of Central England, School of Planning.

Loftman, P. and Nevin, B. (1994) 'Prestige project developments: economic renaissance or economic myth?', *Local Economy*, 11(4): 307-325.

Malecki, E. (1991) *Technology and Economic Development: The Dynamics of Local, Regional and National Change*, London: Longman.

Markusen, A. (1983) 'High tech jobs, markets and economic development prospects', *Built Environment*, 9(1): 18-28.

Massey, D. (1984) *Spatial Divisions of Labour*, London: Macmillan.

Massey, D. (1999) 'Cities in the world', in Massey, D., Allen, J. and Pile, S. (eds) *City Worlds*, London: Routledge/Open University.

Massey, D. and Meegan, R. (1982) *The Anatomy of job Loss: The How, Why and Where of Employment Decline*, London: Macmillan.

Mayne, A. (1993) *The Imagined Slum: Newspaper Representation in Three Cities*, Leicester: Leicester University Press.

McCracken, G. (1988) *Culture and Consumption: New approaches to the Symbolic Character of Consumer Goods and Activities*, Bloomington, IN: Indiana University Press.

Meadows, D. H., Meadows, D. L., Randers, J. and Behrens, W. W. III (1972) *The Limits to Growth: A Report for the Club of Rome's Project on the Predicament of Mankind*, Boston, MA: MIT Press.

Miles, M. (1997) *Art, Space and the City*, London: Routledge.

Miller, D., Jackson, P., Thrift, N., Holbrook, B. and Rowlands, B. (1998) *Shopping, Place and Identity*, London: Routledge.

Minton, A. (2001) 'Rising sun', *Guardian*, (19 September): 5.

Mohan, J. (1999) *A United Kingdom? Economic, Social and Political Geographies*, London: Arnold.

Monbiot, G. (2000) 'Complainers who are facing ruin', Guardian, (10 February): 22.

Montgomery, A. (1999) 'Proof of the pudding', *Hotline*, (July): 32-35

Montgomery, J. (1994) 'The evening economy of cities', *Town and Country Planning*, (November): 302-307

Moudon, A. V. (1992) 'The evolution of twentieth century residential forms: an American case study', in Whitehand, J. W. R. and Larkham, P. J. (eds) *Urban Landscapes: International Perspectives*, London: Routledge.

Newman, P. (1996) 'Transport: reducing automobile dependence', in Shatterwaite, D. (ed.) *The Eearthscan Reader in Sustainable Cities*, London: Earthscan.

O'Connor, J. and Wynne, D. (eds) (1996) *From the Margins to the Centre*, Aldershot: Arena.

Oatley, N. (1993) 'Realising the potential for urban policy: the case of Bristol Development Corporation', in Imrie, R. and Thomas, H. (eds) (1993) *British Urban Policy and the Urban Development Corporations*, London: Paul Chapman.

Oatley, N. (ed.) (1998) *Cities, Economic Competition and Urban Policy*, London: Paul Chapman.

Pacione, M. (2001) *Urban Geography: A global Perspective*, London: Routledge.

Page, S. (1995) *Urban Tourism*, London: Routledge.

Pendlebury, J. (2002) 'Conservation and regeneration: complementary or conflicting processes. The case of Grainger Town, Newcastle Upon Tyne', *Planning Practice and Research* 17(2): 145-158.

Pisarski, A. S. (1992) *New Perspectives on Commuting*, Washington, DC: Federal Highways Administration.

Raban, J. (1986) *Old Glory*, London: Picador.

Rabinovitch, J. (1992) 'Curitiba: towards sustainable urban development', *Environment and Urbanisation*, 4, 2: 62-73.

Rappaport, A. (1990) *The Meaning of the Built Environment*, Tucson, AZ University of Arizona Press (2nd edn).

Reade, E. J. (1997) 'Planning in the future or planning of the future?', in Blowers, A. and Evans, B. (eds) *Town Planning into the 21st Century*, London: Routledge.

Rees, W. (1997) 'Is "sustainable city" an oxymoron?', *Local Environment,* 2(3): 303-310.

Reid, L and Smith, N. (1993) 'John Wayne meets Donald Trump: The Lower East Side as wild wild west', In Kearns, G. and Philo, C. (eds) *Selling Places: The City as Central Capital, Past and Present*, Oxford: Pergamon.

Relph, E. (1976) *Place and Placelessness*, London: Pion.

Rex, J. and Moore, R. (1967) *Race, Community and Conflict: A Study of Sparkbrook*, Harmondsworth: Penguin.

Rex, J. and Tomlinson, S. (1979) *Colonial Immigrants in a British City*, London Routledge & Kegan Paul.

Roberts, P. (2000) 'The evolution, definition and purpose of urban regeneration', in Roberts, P. and Sykes, H. (eds) *Urban Regeneration: A Handbook*, London: Sage.

Roberts, P and Sykes, J. (eds) (2000) *Urban Regeneration: A Handbook*, London: Sage.

Rose, D. (1989) 'A feminist perspective of employment restructuring and gentrification: the case of Montreal', in Wolch, J. and Dear, M. (eds) *The Power of Geography*, London: Unwin Hyman.

Rose, G. (1992) 'Local resistance to the LDDC: community attitudes and action', in Ogden, P. (ed.) *London Docklands: The Challenge of Development*, Cambridge: Cambridge University Press.

Rowley, G. (1994) 'The Cardiff Bay Development Corporation: urban regeneration, local economy and community', *Geoforum* 25,3: 265-284.

Ryan, K. B. (1990) 'The "official" image of Australia', in Zonn, L. (ed.) *Place Images in Media*, Savage, MD: Rowman and Littlefield.

Saloman, I. (1984) 'Telecommuting: promises and reality', *Transport, Reviews* 4(1): 103-13.

Samuel, R. (1994) Theatres of Memory: *Past and Present in Contemporary Culture*, London: Verso.

Sassen, S. (1991) *The Global City: New York, London, Tokyo*, Princeton, NJ: Princeton University Press.

Sassen, S. (1994) *Cities in a World Economy*, Thousand Oaks, CA: Pine Forge Press .

Saunders, P (1990) *A Nation of Homeowners*, London: Unwin Hyman.

Savage, M. and Warde, A. (1993) *Urban Sociology, Capitalism and Modernity*, London : Macmillan/British Sociological Association.

Scott, A. (1988) *Metropolis: From the Division of Labour to Urban Form*, Berkeley, CA: University of California Press.

Scott, K. (2004) 'As the health and wealth gaps widen, Glasgow rebrands itself as a city of style', *Guardian* (10 March): 9.

Selman, P. (1996) *Local Sustainability, Managing and Planning Ecologically Sound Places*, London: Sage.

Shiner, P. (1995) 'Urban regeneration: making less seem more', *Guardian(G2)* (11 January): 39.

Short, B. (ed.) (1992) *The English Rural Community: Image and Analysis*, Cambridge: Cambridge University Press.

Short, J. R. (1984) *An Introduction to Urban Geography*, London: Routledge & Kegan Paul.

Short, J. R. (1989) 'Yuppies, yuffies and the new urban order', *Transactions of the Institute of British Geographers*, (ns) 14,2: 173-188.

Short, J. R., Benton, L. M., Luce, W. B. and Walton, J. (1993) 'Reconstructing the image of the industrial city', *Annals of the Association of American Geographers*, 83, 2: 207-24.

Smith, D. J. (1977) *Racial Disadvantage in Britain*, Harmondsworth: Penguin.

Smith, N. and Williams, P. (eds) (1986) *Gentrification of the City, Boston*, MA: Unwin Hyman. ·

Soja, E. W (1989) *Postmodern Geographies: The Reassertion of Space in Critical Social Theory*, London: Verso.

Soja, E. W. (1995) 'Postmodern urbanization: the six restructurings of Los Angeles', in Watson, S. and Gibson, K. (eds) *Postmodern Cities and Spaces*, Oxford: Blackwell.

Soja, E. W. (1996) *Thirdspace: Journeys to Los Angeles and Other Real and Imagined*

Places, Oxford: Blackwell.

Speake, J. and Fox, V. (2002) *Regenerating City Centres*, Sheffield: Geographical Association.

Spencer, K., Taylor, A., Smith, B., Mawson, J., Flynn, N. and Batley, R. (1986) *Crisis in the Industrial Heartland:* A Study of the West Midlands, Oxford: Clarendon Press.

Stimson, R. J. (1995) 'Processes of globalisation, economic restructuring and the emergence of a new space economy of cities and regions in Australia', in Brotchie, J., Batty, M., Blakely, E., Hall, P. and Newton, P (eds) *Cities in Competition: Productive and Competitive Gities for the Twnety-First Century*, Melbourne: Longman Australia

Stock, B. (1986) 'Texts, readers and enacted narratives', *Visible Language*, 20: 294-301

Strassman, W. P. (1988) 'The United States', in Strassman, W. P. and Wells, J (eds) *The Global Construction Industry*, London: Unwin Hyman.

Sudjic, D. (1993) *The 100 Mile City*, London: Flamingo.

Taylor, P. and Bain, P. (2003) *Call Centres in Scotland and Outsourced Competition from India*, Stirling: Scotecon.

Teather, E. K. (1991) 'Visions and realities: images of early postwar Australia', *Transactions of the Institute of British Geographers*, (ns) 16,4: 470-483.

The Economist (1995) 'From screwdrivers to science'. (18 March): 32-34.

Thomas, H. (1994) 'The local press and urban renewal: a South Wales case study', *International Journal of Urban and Regional Studies*, 18(2): 315-333.

Thrift, N. (1987) 'The fixers: the urban geography of international commercial capital', in Henderson, J. and Castells, M. (eds) *Global Restructuring and Territorial Development*, London: Sage.

Turok, I. (1992) 'Property-led regeneration: panacea or placebo?', *Environment and Planning A*, 24(3): 361-379

Turok, I. (1993) 'Inward investment and local linkages: how deeply embedded is Silicon Glen?', *Regional Studies*, 27(5): 401-417.

Ward, S. V. (1988) 'Promoting holiday resorts: a review of early history to 1921', *Planning History*, 10(1): 7-11.

Ward, S. V. (1990) 'Local industrial promotion and development policies 1899-1940', *Local Economy*, 5(2): 100-118.

Ward, S. V. (1994) 'Time and place: key themes in place promotion in the USA, Canada and Britain since 1870', in Gold, J. R. and Ward, S. V. (eds) *Place Promotion: The Use of Publicity and Marketing to Sell Towns and Regions*, Chichester: Wiley.

Watson, S. (1991) 'Gilding the smokestacks: the new symbolic representations of deindustrialised regions', *Environment and Planning D: Society and Space*, 9(1): 59-71.

Whitehand, J. W. R. (1990) 'Makers of the residential townscape: conflict and change in outer London', *Transactions of the Institute of British Geographers*, (ns) 15(1): 87-101.

Whitehand, J. W. R. (1994) 'Development cycles and urban landscapes', *Geography*, 79(1): 3-17.

Whitehand, J. W. R. and Larkham, P. J. (eds) (1992) *Urban Landscapes: International Perspective*, London: Routledge.

Whitehand, J. W. R., Larkham, P. J. and Jones, A. N. (1992) 'The changing suburban landscape in post-war England', in Whitehand, J. W. R. and Larkham, P. J. (eds) *Urban Landscapes: International Perspectives*, London: Routledge.

Wolman, H. L., Ford, C. C. III and Hill, E. (1994) 'Evaluating the success of urban success stories', *Urban Studies*, 31(6): 835-850

World Commission on Environment and Development (1987) *Our Common Future*, Oxford: Oxford University Press.

Wynn Davies, P (1992) 'Development losses of £67m "a scandal"', *Independent* (13 July): 2.

Young, C. and Lever, J. (1997) 'Place promotion, economic location and the consumption of city image', *Tijdschrift voor Economische en Sociale Geografie*, 88(4): 332-341

Zukin, S. (1988) *Loft Living: Culture and Capital in Urban Change*, London: Radius.